WWDジャパンが読み解く
ファッション業界2008-2009
ニュースの深層!

WWDジャパン編集部

INFAS BOOKS

INTRODUCTION

ファッション業界・大混乱の２００８〜２００９年を振り返る

日本のファッション市場が、２００８〜２００９年におけるような大混乱に見舞われたのを見るのは初めてである。振り返れば、80年代の日本ではＤＣブーム、イタリアブランドを中心にしたインポートブランドブーム。90年代はバブル経済崩壊による宴の後の氷河期であったが、それでもキレカジ、裏原ブームがあった。そしてなんと言っても90年代は「ルイ・ヴィトン」を始めとしたラグジュアリー・ブランドが日本市場を席巻した10年でもあった。この猛威は２００４年ぐらいまで実に15年ほど続き「ラグジュアリー・バブル」とまで評されることになった。この現象は日本に限ったことではなかったが、特に各ブランドにとって、日本市場は「実験場」とまで言われ、様々なマーケティングが試されたのだった。

社会学的に言えば、ジャン・ボードリヤールが「消費社会の神話と構造」（紀伊国屋書店、１９７９年）で述べているような「記号消費」の典型的な現象が東洋の島国で巻き起こったと、興味深く眺めていた。ハンドバッグをキーアイテムにして。消費者を「教育」（ボードリヤール）すべくありとあらゆる戦略（ファッション戦略、ロゴ戦略、カラー戦略、アーカイブ戦略、セレブ戦略、モデル戦略、カメラマン戦略、店舗戦略、広告・宣伝・イメージ戦略、イベント戦略、コラボ戦略、アート戦略、チャリティ戦略、エコ戦略、ネット戦略、ブロガー戦略）が駆使された。たぶんこれほど凄まじいマーケティング&マーチャンダイジングの嵐は他業界にも類例はないだろう。後世の研究家にとっては恰好の素材になることだろう。その「ラグジュアリー・バブル」も２００４年あるいは２００５年に終焉を迎えた。その後の２、３年ほどは、その「余熱」でなんとかラグジュアリー・ブランドは市場での地位をキープしたかに見えたが、サブプライム・ローン問題が表面化する２００８年の春ごろからどうも様相がおかしくなった。「ラグジュアリー・バブル」がついに弾けたのだった。そうした中、「ニュースの真相・深層・心想」の連載が始まったのは、ＷＷＤジャパンの２００８年４月21日号からである。

　そして、２００８年には、もうひとつ、日本のファッション市場にとって、大混乱の引き金になる「事件」が起こる。９月13日のスウェーデンを拠点にするファストファッションの雄「H&M」（ヘネス&マウリッツ）の日本上陸＝銀座店の出店である。奇しくもその２日後の９月15日にはリーマン・ブラザーズ証券が倒産。世界金融不況の引き金であるリーマン・ショックとして歴史に刻まれることになった。「H&M」は11月８日には原宿店を、ついでランドマーク（横浜）、新三郷（ららぽーと）、渋谷店、新宿店を矢継早にオープンしている。加えて、話題を呼んだファストファッションの日本上陸が２００９年４月29日に原宿店をオープンしたＬＡ本拠の「フォーエバー21」（以下Ｆ21）だ。同ブランドはグッチが入居していた松坂屋銀座店１階に２０１０年春に銀座店をオープンする予定だ。

　それまで日本にファストファッションがなかったわけではない。日本本拠の「ユニクロ」（日本での年商５８００億円）、スペイン本拠の「ザラ」（ＷＷＤジャパン推定年商３００億円）、アメリカンカジュアルベースの「ギャップ」（ＷＷＤジャパン推定年商６８０億円）などが、すでに日本に定着している。しかし、「ザラ」と並んで世界規模では年商１兆５０００億円を誇ると言われる「Ｈ＆Ｍ」、そして２０００億円を米国市場で売るＦ21の連続上陸は大きなインパクトになっていることは事実だ。業界筋はＨ＆Ｍの銀座店、原宿店。「Ｆ21」の原宿店はともに、50億円を突破すると見ている。５～10年後には、出店スピードにもよるが、それぞれ５００億円～１０００億円程度の年商を日本市場で、叩き出しそうだ。この２ブランドに前述したファストファッションのブランドが喰われることはなく、むしろ好影響を享受しているのを見ても、時代が「ファストファッション時代」に入っているような印象を与える。話題になった同志社大学大学院の浜矩子・教授の「ユニクロ栄えて国滅ぶ」が文藝春秋に掲載されたのは２００９年９月である。

　２００８年９月15日のリーマン・ショックに端を発した金融不況が全世界に飛び火して１００年に一度の大不況と言われているのは周知の通りである。特に米国と日本ではかつて見たことのないような惨状になっている。前述した「ラグジュアリー・バブル崩壊」と「ファストファッションの躍進」が同時に進行しているのに加え、２００９年にはラクロワ社やヨウジヤマモト社やベロニク・ブランキーノ社が破綻し、「ヴェルサーチ」が日本市場から撤退（再上陸予定）、90年代の奇才マルタン・マルジェラがマルジェラ社を去るという事件もあったのだから、「ファッションの危機」が真剣に語られているのももっともである。一体、日本のファッション業界はどうなるのか？　「ニュースの真相」は、そんな1年10ヵ月にあった主だったニュースをカバーしている。ＷＷＤジャパンの三浦彰・編集委員が司会進行役を務め、同紙編集部の記者たちやスペシャルゲストとその時々のニュースについてフリートークする形式になっている。フリートーク自体も楽しんでいただきたいが、今後のファッション業界や市場を考える上での参考や示唆になればこれに勝る幸せはない。なお年齢や役職は当時のまま記している。

２０１０年2月末日
ＷＷＤジャパン編集部

WWD／WWDジャパンとは?

WWD（ウィメンズ・ウエア・デイリー）は1910年にニューヨークで創刊され、今年100周年を迎える。WWDは、ファッション及びファッション・ビジネスのナンバーワン業界紙（専門紙）で、ファッション・ジャーナリズムの規範的存在として、これに匹敵する存在はない。また業界紙の枠にとどまらず、デザイナーや業界人のゴシップなどを取り上げて、ファッションの世界の面白さを日々伝えるエンターテインメントとして世界中の業界人やファッションピープルに愛されている。「ファッション及びファッション・ビジネスに携わる者にとってのバイブル」と称される所似である。

WWDジャパンがWWDの日本版として創刊されたのは1979年4月。当初は隔週刊の発行だったが、5周年を迎えた1984年から週刊に発行形態を変更し、毎週月曜日に購読者に届けられるファッション週刊紙（誌ではない）として現在に至っている。WWDを踏襲はしているが、そのコンセプトは「ニュースなファッション」。ワールドワイドなネットワークを駆使して、ファッションやファッション・ビジネス情報を日本の読者にいち早く伝えるだけでなく、最終面の「ファッション パトロール」や欄外のMEMOに代表されるように、ファッション業界人の隠れた一面を紹介するなど、ファッション週刊紙として、愛される存在になっている。またそのターゲットをファッション業界人・ファッション専門学校の学生に限定せず、一般のファッション誌に物足りない思いを抱くファッション・マニアやファッショニスタにまで広げ、一般書店や地下鉄の販売店にまで最近は販売網を拡大中。2009年には創刊30周年を終えて、尚一層の飛躍を目指している。

目次

2009

2010

2008

1

Apr. 21 2008

百貨店決算から読む ラグジュアリー・ビジネス

三浦彰・WWDジャパン編集委員（以下、三）　百貨店の2008年2月期通期決算が出揃ったが、どの百貨店も依然厳しい状況だった。売上高減少の要因のひとつとして、ラグジュアリー・ブランドの売り上げの低迷を挙げていた。

天野賢治・弊紙デスク（以下、天）　新規出店があった大丸を除いて、2月期の決算は軒並み減収。特に、三越では上半期2・3％減だったのが、下半期は7・8％にまで落ち込んでいる。今まで銀座2丁目のティファニー本店の売り上げの一部を計上していたが、今回からは全く計上されていないことが大きかったようです。島屋や松坂屋・大丸を擁するJ・フロントリテイリングは、宝飾・時計の健闘でなんとか数字をキープしたものの、サブプライム・ショック以降、新富裕層の購買力が落ちているそうだ。

三　印象ではもう少し落ちているような気がするが？

得田由美子・弊紙特集担当ディレクター（以下、得）　中国人観光客の存在が、落ち込みをかなりカバーしているようです。例えば松坂屋銀座店前は中国人団体ツアーの停留所になっており、集合時間直前の駆け込み需要も凄いと聞きます。また、社員教育に中国語の教習があるとも。そして、今年1月に「ティファニー」もオープンしていたことも売り上げを牽引しているようです。

三　今、日本の百貨店では中国で発行が11億枚を突破している銀聯（ぎんれん）カード（中国の銀行間決済システムでデビットカードの一種）決済を導入している企業が、中国人観光客の取り込みに成功している。都内の百貨店やファッションビルは、中国人を含む外国人観光客の売り上げが10～15％を占めていると言われている。この外国人の売り上げを差し引くと、百貨店の売上高は実際にはかなり寒い。

得　そういえば、某ブランドのシーズン末の社員向け販売商品の充実ぶりが話題になっていました。ショップ並みのラインアップだったんですって！　逆に、それだけ売れていないんだ……と、不安になった社員もいたとか。

天　4月10日、埼玉県の入間に新しいアウトレット（三井アウトレットパーク入間）がオープンした（注：三井不動産が開発・運営、アウトレット業界の二強のひとつ）。御殿場のアウトレットを上回るテナント数で首都圏最大級だとか。「コントワー・デ・コトニエ」「オプティチュード」「ニコル・ミラー」「ユナイテッドバンブー」「ソードフィッシュ」などが初出店している。

得　御殿場プレミアムアウトレット（運営：チェルシージャパン）も3月末に、リニューアルをしたようだし、今年開業予定のプロジェクトも複数あります。アウトレット運営企業の売り上げは好調らしいですよ。プロパー（定価）で売れなかった在庫をアウトレットで販売するブランドが増えているということなのかもしれませんね。ここでも中国人たちがバスでやって来て、大量に買っているんです！

三　在庫を期中に処分するのはブランドビジネスの鉄則。在庫を海外に回すといっても、限界があるわけだし。いずれにせよ、中国人の消費パワーがラグジュアリー・ビジネスの鍵を握る時代になってしまったんだな。すでに、ラグジュアリー・ブランドは日本には現状維持を命じ、成長は中国やロシアでという基本構想を持っている。

得　いくつかのブランドは、すでに、中国の売り上げが日本の売り上げを抜いて世界一の市場になっていると言いますよね。スウォッチグループの「オメガ」「スウォッチ」の各トップは２００７年度に売上高が日本を超えると断言していました。特に、時計宝飾などの超高額商材は中国とロシア、中東が奪い合っている状況です。

三　驚異的な経済成長で注目されるＢＲＩＣｓに加え、オイルマネーで潤っているニューリッチ層など、購買層が多極化しはじめているのは確かだ。欧米日中心の経済から、多極化経済への変化は、ラグジュアリー・ビジネスの多極化にもつながっている。

得　そんな中、ラグジュアリー・ビジネスにおいて、「ジャパン・パッシング」は進んでいくのでしょうか？

三　中国人たちに対するショーケースとして、東京がブランドパワーの刷り込みを行なうという役割もある。またファッショントレンドのアジアへの発信力はまだまだ日本のほうが強い。そのソフトコンテンツをどのように生かすのかが今後の課題だろう。

得　そういえば、香港、韓国、台湾で日本人の印象を尋ねると、「日本人男性はファッショナブルだ」と必ず言われます。日本人女性よりも、日本人男性のほうがアジアではモテるみたいですね（笑）。

三　そんなの私に関係ない!!

NOTE

記念すべき連載第一回だが、すでに百貨店決算悪化の原因としてサブプライム・ローン問題が取り上げられている。そしてまだ健在だった中国人観光客の買い物やアウトレットの好調に言及。また「スウォッチ」「オメガ」などの時計ブランドの中国での売り上げが日本でのそれを上回るという指摘もある。今読んでも大きな暗雲がそろそろ立ちこめているという感じがする。

2

Apr. 28 2008

銀座3店舗体制時代到来か？

三浦彰・弊紙編集委員（以下、三）　銀座・晴海通りの数寄屋橋富士ビルに「ルイ・ヴィトン」が出店するそうだ。これで、銀座3店舗体制になる（ＷＷＤジャパン4月21日号P.3参照。以下、特記のない場合すべて同紙号数）。

松下久美・弊紙デスク（以下、松）　松屋の話だと、松屋のヴィトンは退店しないそうです。一昨年大々的にリニューアルしたばかりですし。やはり、ヴィトンにとっても銀座2丁目の角地は魅力的ですよね。みずほ銀行跡地出店は、広告塔的な位置づけで、銀座のメイン通りにフェイスをとりたい意向のようです。

得田由美子・弊紙特集担当ディレクター（以下、得）　ティファニーが1月銀座松坂屋に出店し、中央通り沿いに3店舗体制になったのにも驚きましたが、ヴィトンも現並木通り店を加えて銀座3店舗体制。

三　ショップ自体が広告塔の役割を果たすとともに、ブランドパワーの誇示にもなる。ティファニーが3店舗体制なのだから、ブランドパワー（売上高）としては2・5倍くらいのヴィトンなら3店舗体制も当然ということか。

松　松屋銀座も、新しく店舗ができても、売り上げに大きな影響はないと見ています。同じヴィトンでも他店と比べて、衣料品の売り上げ割合が高く、しっかりと顧客をつかまえているという自信があるのでしょう。

三　すでに、ラグジュアリー・ブランドでは銀座2店舗体制が当たり前になってきているが、いくら銀座が世界一の巨大マーケットだといっても3店舗体制か。ラグジュアリー・ブランドの野望というのは果てしないなぁ。

得　ＬＶＭＨモエヘネシー・ルイヴィトンのベルナール・アルノー社長兼ＣＥＯが4月下旬に来日しました。

三　その物件の最終決定に来たとも。昨年末グッチ、アルマーニやブルガリのタワーを見て、タワーを建てろと厳命したとかしないとか。それと、今回大阪の阪急百貨店うめだメンズ館を視察するアルノー社長に、メンズ館隣のＯＳビルにある大きな「浪花餃子スタジアム」の看板をどうにか見せない方法はないものかと思案していた関係者がいたという。さて、話を銀座に戻すと、銀座商圏は有楽町と一体化し、さらに拡大・進化しそうだね。六本木ヒルズや東京ミッドタウンで人気になった六本木に浮気していた客も銀座に戻り始めているらしい。現アフタヌーンティー・ザ・ジェネラルストアーの場所に同じサザビーリーグの「エストネーション」が出店予定なので、並木通り北側の開発もさらに進むだろう。

林可愛・弊紙記者　現丸の内店の「エストネーション」はOL向けにオリジナル商品を充実させ、銀座店はラグジュアリーブランドに特化することで差別化を図るようです。

得　並木通り3丁目角のサブウェイや昔ながらの商店にも貸してくれないかとのオファーがあるらしいですね。さらに、「リステア」（並木通り4丁目）が年内で撤退するらしいですね。

三　あの場所は、三井物産仲介の物件だから、「リステア」退店後は三井物産系のブランドが出店するのかな。

得　「リステア」は六本木と銀座2店舗体制の維持は難しかったのでしょうか。銀座店は年商10億〜12億円だったともいわれていますが？

三　今、銀座中央通りに面する1階部分の月家賃はついに1坪30万円に突入。「リステア」の場合はそこまでいかなくても、1階部分が15万円、2階部分が10万円だとして、200坪の店舗の月家賃が2億5千万円、年間で3億円だと仮定すると家賃の売上高に占める比率は売上高12億円だとしても25％。業界では、採算点は家賃比率20％以内というのが定説だから、やはり銀座での店舗の維持は難しかったのかな。六本木ミッドタウン店には増床の噂もあり、ここに集結する構想か。

得　でも200坪で12億円売っても銀座では利益が出ないということですよね？　だったら、利益が出ているブランドっていくつあるんですか？

三　それは語らないでおこう。

得　並木通り北側（4丁目から1丁目側）やマロニエ通りは新規出店が相次いでいるし、有楽町のイトシアからも人が流れているので、注目エリアですよね。でも、7丁目、8丁目の並木通りにも「クリスピー・クリーム・ドーナツ」（有楽町イトシア店）の袋を提げた人が多い。意外と回遊しています。

三　そういえば、最中（もなか）の「空也」（並木通り沿い銀座6丁目）の袋を持っている人を1、2丁目でも見かけるなぁ。並木通り周辺の回遊性は高いとなると、改めて、並木通り4丁目側の入り口に出店予定のヴィトンは絶好の立地ということになる。

NOTE

後に頓挫することになった「ルイ・ヴィトン」の銀座3店舗体制の噂をスクープしている。場所は晴海通りに面するみずほ銀行跡地だ。後に「ギャップ」が「ルイヴィトン」に代わり出店（2012年）を決定した。「リステア」（並木通り4丁目側）の年内の撤退も予想しているが、これも現在（2010年2月）でも営業しているのでゴメンナサイということか。とにかくラグジュアリー・ブランドはまだこの時期積極策を継続していたことになる。

3

May 12 2008

トークツG倒産から読み解く業界模様

三浦彰・弊紙編集委員（以下、三）　4月18日、靴の大手製造卸しのトークツ・グループが約90億円の負債を抱え、民事再生法を申請した。その直後にABCマートが待ってましたとばかりにスポンサーに名乗り出たというわけか（4月28日号P.23メモ欄）。

松下久美・弊紙デスク（以下、松）　トークツ・グループは、2005年に経営が行き詰まり、翌年1月に、企業再生支援会社のリヴァンプとゴールドマン・サックスが各々15億円ずつ出資して、再建開始。売り先は急拡大したものの返品が増えて資金ショートでギブアップ。

三　リヴァンプと言えば、澤田貴司・ファーストリテイリング（ユニクロ、以下FR）元副社長と玉塚元一・元社長が共同代表を務める再生のプロ企業。これが再生断念と白旗を揚げたわけで、リヴァンプの権威も形無しだな。

松　食の世界では成功神話を作っていますよ。いまだに行列ができる「クリスピー・クリーム・ドーナツ」やアイスクリームの「コールド・ストーン・クリーマリー」なんかは大成功。「ロッテリア」の再生も軌道に乗りつつあるし、「バーガーキング」の日本再上陸も話題になっています。

三　食の分野では、話題を振り撒いても、やっぱりファッションはちょっと畑が違うんだろうな。リヴァンプの代表2人はFR出身だが、ユニクロの買収物件ってうまくいってるの？

松　「セオリー」のリンク・セオリー・ホールディングスはともかく、キャビン、ワンゾーン（旧靴のマルトミ）は成果がまだ出ていません。それにリヴァンプが支援する「ナオキタキザワ」はどうなるのでしょうか。

三　玉塚元一・リヴァンプ共同代表にFR社長時代インタビューした時、「アパレルは歯ブラシと同じ。我々が目指す企業はP&G（プロクター・アンド・ギャンブル）だ」と話していたのが忘れられない。この人はちょっとファッションとは違うんだと驚いた。

松　ユニクロでのサプライ・チェーン・マネジメントの成功体験が強烈すぎて、そのやり方でトークツ・グループやアルプスカワムラなどの卸売り中心のファッション企業を変えようとしてもなかなか難しい。小杉産業や市田やツカモトに乗り込んだファンドも苦境に立たされているようで、市田とツカモトが合併するなどという事態も起こっていますね。最近では、スポーツメーカーのフェニックスを買収したオリックスが2円で中国企業に転売するという「事件」も起きています。

三　そう言えば、一応福助では帳尻を合わせた川島隆明・代表が率いるファンド企業、カレイド・ホールディングスが120億円を出資しているレナウンはどうなの？

天野賢治・弊紙デスク（以下、天）　中村実・新社長が誕生して、心機一転というところですが、再建の道は容易ではない。保有する「アクアスキュータム」の売却も考えられます。

三　一方、東京スタイルが買収した、「ナノ・ユニバース」や「ステューシー」の日本での総販売元であるジャックの買収は成功しているし、サンエー・インターナショナルが買収した「マーガレットハウエル」（アングローバル）なども成功例と言っていい。やはり、ファッション企業は、ファッション企業に買収されたほうがいいようだ。そう言えば東京スタイルは、最近スピックインターナショナルを伊藤忠から買収したね？

天　年商80億円程度で、保有のウマ味がないので伊藤忠は売ったらしいが、メンズ中心のスピック買収は、総合アパレルを目指す東京スタイルにとっては、おいしい話だったようです。

三　伊藤忠は、トミー・ヒルフィガー・ジャパンの株も、本国側へ売却。また80％保有していたバリー・ジャパンの株も本国側に売り戻すという。バリーの場合は、背景にユーロ高があって、本国側が貿易コストを削減するために商社ハズシに出ているのか。

大江由佳梨・弊紙記者　「バリー」は4月に、テキサスパシフィック・グループがラベルクスへ売却。この際に、日本戦略の見直しが図られたようです。ラベルクスは、ベンキーザー一族が保有。コティを傘下に置き、ラグジュアリー・グループ化を目指しています。

三　「バリー」もかつては靴がメインだったが、ハンドバッグの強化でトータル化して、なんとか生き延びている。一方「ステファン・ケリアン」、「シャルル・ジョルダン」など名門の靴企業が最近はバタバタ倒れている。古い体質の靴ブランドは、トータル化がうまく行っていないからか。トークツ・グループと同じで「専業」の受難と言ってもいいのかもしれない。

NOTE

M&Aは相変わらず多いが、ファンド（リヴァンプ）がテコ入れしていたにもかかわらず民事再生を申請したトークツのケースを取り上げ、ファンドによる再生の難しさを論じている。後にユナイテッドアローズ株を買い集め、本欄にも登場（第79回）するABCマートがトークツのスポンサーに乗りだしている。世界的な名門靴企業の受難も俎上に上った。

4

May 19 2008

「ドレスキャンプ」と岩谷俊和の今後

三浦彰ＷＷＤジャパン編集委員（以下、三）「ドレスキャンプ」の企画・生産・販売を行なってきたアト・ワンズが新会社の㈱ドレスキャンプを設立、デザイナーだった岩谷俊和（33）とは袂を分かった（5月12日号P.3）。何が直接の引き金になったのかな?

麥田俊一・弊紙ファッションディレクター（以下、麥）アト・ワンズの取締役会では、今年の2月のパリでの発表は、ショー形式ではなく展示会形式で行なう決定をしていたが、岩谷は、ショー発表のつもりでパリに乗り込んだようです。結局は、展示会発表になったが、このあたりの事情が、両者の決定的な亀裂になったようです。

三　記事中に、「両者の今後の戦略に食い違いがあって」とあるが?

麥　「ドレスキャンプ」のブランドビジネスをやりたいアト・ワンズの細川信一郎・社長と、デザイナーとしてコレクション・ビジネスをやりたい岩谷の方向性の違いということですね。岩谷の頭の中は、いつも次のコレクションショーはどうしようかということでいっぱいだったのではないでしょうか。

三　いわゆるクリエイターであって、ブランドビジネスをトータルに考えるクリエイティブ・ディレクターではなかったということだな。今後、アト・ワンズ側には、有能なデザイナーが必要だし、岩谷には、有能なビジネスパートナーが必要だな。アト・ワンズの後任デザイナー探しはどうなっているの?

麥　30代の日本人デザイナーが数名候補に上がっています。新会社が正式発足する6月1日には発表される予定です。9月の東京コレクションでショーを披露することになっています。

三　そのデザイナーが、レディス、メンズの両方を手掛けるということ?

麥　ええ。ただ、岩谷のようにデザイナーの個性を前面に出すというよりも、クリエイティブ・ディレクターとして社内のデザインチームを指揮する能力を備えた人物を選びたい意向です。岩谷の方はどんな状況ですか?

三　デザイン事務所を設立したようだが、今後スポンサーを決めてブランドを立ち上げるらしい。ブランド名は「トシカズ　イワヤ」になるのかな。

麥　岩谷は「ドレスキャンプ」の商標権をアト・ワンズ

から買い戻したかったのではないでしょうかね。岩谷の実力・風貌もさることながら、「ドレスキャンプ」というブランド名が与えるインパクトは大きかったですからね。ドレスを着た女がキャンプをしているというイメージが由来になっていると聞いていますが、このネーミングも人気になった一因だったと思います。

三　実際「ドレスキャンプ」の商標権を買い戻したいと岩谷側は申し入れていたようだが、値段が折り合わなかったらしい。岩谷側のオファーはたぶん数千万円単位。一方、商標権を所有するアト・ワンズ側からの提示は数億円単位。一ケタ違うのでは交渉の余地はなかったようだ。今回の場合、最善の解決策は、アト・ワンズがそれなりの金額で商標権を売却し、岩谷&「ドレスキャンプ」でビジネスを新たに始めることだったが、世の中そんなに簡単ではない。

麥　アト・ワンズのビジネスは、生地、飲食、「ドレスキャンプ」の3本柱だったわけですが、「ドレスキャンプ」ビジネスは利益が出ていたのですか？

三　儲かっているというところまで行っていないだろうな。4社とのライセンス契約があるが、東京を代表するブランドとして、かなり大掛かりなショーを毎回行なっていた。その費用も1回1000万円を下回るということはなかっただろうからこれも負担になっていたのは間違いない。

麥　完全シーティングのショーというのも東コレでは「ドレスキャンプ」と「リミフゥ」（山本里美デザイナー）ぐらいじゃなかったかと思います。編集長クラスでも招待状がないとスタンディングだったりということもありましたからね。デビューから数シーズンはそれぐらい人気だった。滅多に東コレでは見かけない海外提携モード誌の編集長もかなり来場していた。

三　岩谷の今後をどう占なう？

麥　今回の一件は、岩谷にとっては、デザイナーとして一皮むけるいいチャンスになるのではないかと期待しています。というのは、岩谷の場合、デビューショーの印象があまりにも強烈で、ここ数年は、ややマンネリ気味だったと思いますから。今回、パリにこだわったのも心機一転という意味合いがあったんだと思います。

三　いずれにせよ、袂を分かった両者がそれぞれの道でビジネスを成功させるのを見守りたい。

NOTE

やはりその後もたびたび本欄に登場する岩谷俊和の独立（弊紙スクープ）を論じている。麥田俊一・弊紙ファッションディレクターの「最近の岩谷はマンネリ気味だった」の発言には岩谷君もカチンと来ていたらしい（笑）。今でも思うがアト・ワンズと岩谷君、もっと良い解決法はなかったのだろうか。

5

May 26 2008

H&M日本上陸

三浦彰・WWDジャパン編集委員（以下、三）　いよいよ、H&Mが日本上陸か。「エイチ・アンド・エム」の愛称で知られているが、社名の日本語表記はヘネス・アンド・マウリッツ（5月26日号P.65）だね？

松下久美・弊紙デスク（以下、松）　スウェーデン語の発音に近いので「マ」に決めたようですね。1号店は銀座で9月13日（土）にオープン、2号店は原宿のフォレット跡地です。

三　香港店や上海店のほうが日本に先駆けてオープンしているね？

松　日本はH&Mにとっても重要なマーケットなので、慎重に魅力的な物件探しを進めたけれども、なかなか見つからなかったからだと話しています。3号店以降も一等地への大型店舗出店を続けていくようで、すでに、渋谷のブックファースト跡地に2800㎡でフルラインの旗艦店を2009年秋にオープンする予定です。マルキューにも近いし、業界にとってはかなり脅威ですね。

三　5月14、15日に、PR業務を行なうステディスタディのプレスルームで展示会があった。トレンド色の強いアイテムを中心にメンズ・レディス、小物の約200点が紹介されていたが、これは市場に対してかなりのインパクトになるなぁと実感した。特に、中価格帯をカバーする百貨店メーカーにとっては、確実に痛手になるな。相当大胆にトレンドを取り入れている商品でしかも本当に安い。

松　そのシーズンの旬のアイテムが3000〜1万円ぐらいで買えますから。コラボアイテムも魅力的で、私もNYでカール・ラガーフェルド、上海でマドンナのコラボ品を買いました。NYで取材の合間に買いに行ったヴィクター&ロルフのトレンチとブラウスは、試着までしたのに、レジ待ちが長すぎてタイムアップ（泣）。注目の今秋は、11月上旬の原宿店開店に合わせて、「コム デ ギャルソン」の川久保玲（文中敬称略）とコラボし、世界先行発売しますが、行列は必至ですね。

三　私は、川久保玲だけはないと思っていた。噂だが、ギャルソン社の入社試験で、「GAP」と「エルメス」のうち、どちらに携わりたいかという設問があって、「GAP」を選んだ希望者は減点になるなんてことを聞いていたんでね。でも、H&Mはデザイナーとデザインに対してとても理解があると川久保玲は評価していたらしい。それに、ギャルソンにとっても悪い話じゃない。アヴァンギャルド系では初めて、日本人としても初めて選ばれたわけだから。もしかすると、世界的に「コムデギャルソン」再ブームの可能性もある。

松　私は昨年の上海店オープン時に取材したときに、日本上陸時のコラボのターゲットは1位はギャルソン、続いて「アンダーカバー」かNIGOだという感触を持ちました。川久保玲が引き受けたことには驚きましたけど。

三　とにかく川久保玲が不動の第1位だったようだな。私はたぶん、山本耀司が第2位の候補だったと思うが、Y-3もあるし、マンダリナダックなどコラボやライセンスを数多く手掛けているので敬遠されたかな。

松　川久保玲の夫であるエイドリアン・ジョフィ＝コムデギャルソンインターナショナルCEOがH&Mと直接交渉にあたっていたようですね？

三　彼の力がとても大きかったと思う。例えば、今のフォーブル・サントノーレのパリ店のような好立地にブティックをオープンできたのも、95年にパジャマ・スタイル（メンズ）がアウシェビッツの収容者を連想させるとユダヤ人団体からクレームがついた時も、きちんと問題解決したのは彼がいたからだと言われている。ところで、数字は明らかになっていないが、日本ではどれくらいの規模になると思う？

松　アメリカが8年で1000億円目前、中国はわずか9ヵ月で80億円以上売っていますからね。日本では3年で300億円、10年で1000億円ぐらいでしょうか？

三　先行して98年に渋谷に1号店を出した「ザラ」の現在の年商は？

松　多分、300億円ぐらいだと思います。SCを含めて出店攻勢に出ていますけど、売り上げにバラツキがあります。一方、H&Mは価格的には「ザラ」よりもかなり下の水準で、しかもトレンドの打ち出しやストリート色も強い。「ファッション・コンシャス層」にかなり浸透しそうですね。

三　とにかく、4、5月と百貨店を筆頭に、日本のファッション市場はメタメタ。不景気なのに物価高という、ファッション業界にとっては最悪の環境。「ユニクロ」が独り気を吐いている。これでは、H&Mが話題を独占なんていうことになりかねないな。

NOTE

2008年の日本のファッション業界で最大のニュースになった「H&M」の日本上陸（9月13日）のことが早くも話題に。日本上陸の際のコラボの相手に「コム デ ギャルソン」が選ばれたことも論じられている。この後の18ヵ月、「ギャルソン」は数々の話題を提供し、登場回数も多い。私の「コラボ相手に川久保玲だけはないと思っていた」という発言は、ギャルソンという企業の変容を理解できていなかったと反省。

6

Jun. 2 2008

人事異動で読み解くファッション業界

三浦彰・WWDジャパン編集委員（以下、三）　今回は、最近メモ欄で紹介された国内の人事異動から業界の動きを読み解いてみたい。まず、5月19日号で報じた、ユナイテッドアローズの栗野宏文・常務兼チーフ・クリエイティブ・オフィサー（55）と水野谷弘一・常務（55）が、6月23日付で取締役を退任し、肩書きは未定だが常勤のアドバイザーになるというニュースだな。

松下久美・弊紙デスク（以下、松）　二人とも、重松理・代表取締役会長、岩城哲哉・社長とともに、毛利元就の「3本の矢」に倣（なら）って名付けられたユナイテッドアローズ（東矢、以下UA）の創業メンバーでしたし、特に栗野さんは「業界のアナリスト」として私たちも頼りにしている方なので、驚きましたね。栗野さんは05年春夏から始めた「ダージリンデイズ」の責任者でもありました。07〜08年秋冬で単独（店舗）事業展開が終了してしまったのは残念でしたね。UAは今年3月期決算は増収減益、来年3月期も15・2％の経常減益をすでに予想しています。

三　引責辞任ではない、と栗野さんは強調していたな。もっとラインに近く、商品企画をアドバイスしていくということだ。創業4人組のうち二人が抜けるわけで、なんとなく外部から「大物」を招き入れる布石のような気がするが、気のせいかな。最近の特記事項は？

松　昨年9月に三菱商事と業務資本提携し、自社株の3・4％を三菱商事に30億円で譲渡したことでしょうか。

三　今回の人事に三菱商事の意向は反映しているのだろうかね。

得田由美子・弊紙特集担当ディレクター（以下、得）　セレクトショップ業界全体がダウントレンドなのですか？

三　ひと足先に構造改革したビームスは好調をキープ、新興勢力ではローズバッドが絶好調だから、セレクト全体が悪いわけではない。UAはここ2年ばかり猛烈な出店攻勢を続けたツケが出ているようだ。結果をすぐ求められる上場企業の宿命かな。再構築に向けてかなり危機感を持っているようで、今回の人事もその現れではないのかな。

得　ラグジュアリー・ブランドでも驚きの人事がありました。05年に鳴り物入りで登場した、LVJグループのキャサリン・メルキオール＝ルイ・ヴィトン ジャパンカンパニー マーケティング&コミュニケーション ヴァイスプレジデントが3月末で退任。グッチ グループ ジャパン（以下、

GGJ）のグッチディビジョンストラテジックプランニングエグゼクティブディレクターに就任しましたね？

三　ヴィトンからグッチへか。90年代半ば、LVMHはグッチに敵対的買収を仕掛けてほぼ手中に収めていたが、グッチが従業員持株枠を使って、大逆転して買収を阻止した経緯がある。それ以来、LVMHとグッチ・グループは犬猿の仲になっている。

得　じゃあ、本来両社間の人事異動はあまりないはずですよね。でも最近はそうでもないですね。最近では1月に就任したGGJアレキサンダー・マックイーンディヴィジョンの今村幸・CEOはヴィトンの出身ですね。またLVMHグループでは、大物の退任がありました。秦郷次郎・元LVJグループルイ・ヴィトン社長が、本社取締役として同ブランドに残っていたが、5月一杯で任期満了。また、LVMHウォッチ・ジュエリージャパンでも、フレッドディヴィジョンの谷口久美・GMが退きフレッド本社の特別顧問に就任。また、ショーメディヴィジョンの木恒雄・GMも退任し、エグゼクティブアドバイザーに就任しましたね？

三　秦さんはある意味自由の立場になり、他のファッション・ブランドのコンサルティングをするようになるかもしれないな。谷口さんと言えば、鐘紡がディオールのライセンシー時代から、まさにディオールの顔として活躍。その後も、LVMHの総帥ベルナール・アルノー社長の妹（故人）が手掛けていたフレッドの日本のGMとして活躍。定年（？）だったらしいが、40代といっても通じる衰えぬ美貌。それにしても業界のカリスマ秦さんといい、業界のアイドル（？）谷口さんといい、時代を感じさせる退任だな。

得　LVMHグループには、世界共通の厳格な採用基準があるそうです。役職のクラスによって数え切れないほどの項目があって、それをクリアしないとなかなか採用にならないそうです。その世界基準というのがよほど厳しいのでしょうね。

三　最近、日本人のブランドトップが少なくなっている理由はそれかな。LVMHグループはMBA取得者を優遇しているな。

得　私もMBAでも取ろうかしら。

三　夢を見るのは人間に与えられた最大の自由だからな。

NOTE

ユナイテッドアローズ（UA）の栗野宏文・常務と水野谷弘一・常務の退社とラグジュアリー・ブランドの人事異動を取り扱っている。UAは外部から大物を招く布石を敷いたという予測はカラ振りだったようだ。秦郷次郎氏や谷口久美氏という往年のカリスマ、マドンナの退任はたしかに時代を感じさせる。どうも私は懐旧に傾きがちのようだ。UAはこの後もたびたび登場するが、セレクト・バブルはすでに崩壊しているということだろう。

7

Jun. 9 2008

BRICsの次のターゲットは？

三浦彰・WWDジャパン編集委員（以下、三） 弊紙6月2日号P.3のチャットチャット（語録）に登場した、ティエリー・ナタフ＝ゼニス最高経営責任者（CEO）は、今年中に中国とロシアの売り上げが、米国や日本に並ぶだろうと語っていた。

得田由美子・弊紙特集担当ディレクター（以下、得） オメガやスウォッチなど、時計・宝飾業界では、中国やロシアの売り上げはすさまじい勢いで伸びていて、早くも日本の売上高を抜いているブランドがいくつもありますよ。ピアジェに至っては、売上高の4分の1以上が中国だそうです。また、スイス・バーゼルで行なわれる国際時計宝飾展示会では、中国、ロシア、中近東のバイヤーの派手な買いっぷりが話題になります。そのスケールの大きさに関する笑い話がたくさんあります。

三 先々週会ったサルヴァトーレ・フェラガモのミケーレ・ノルサ＝CEOは、中国での売り上げが日本を越えるには、あと5年かかるだろうと言っていた。ルイ・ヴィトンなどの、バッグメインのビッグブランドの日本越えは、少なくとも5〜10年はかかるだろう。その点、中小の時計・宝飾ブランドはそれらと比較して売上高規模が小さい。中国やロシアが高額商品を買いあさったらすぐに日本の売り上げを越えてしまうのだろう。

得 「シャネル」もモスクワで2店舗目を出店したそうですね（6月2日号P.27）。モスクワだけで複数店舗展開をするほど、市場としては盛り上がっているんですね。

三 博報堂がロシアに現地法人を設立したというニュースもあったな。しかし、今後、世界の中心は、中国（黄河）、インド（ガンジス川）、中東（チグリス・ユーフラテス川）、エジプト（ナイル川）の古代四大文明発祥地に戻るのではないかと、私はにらんでいる。

得 そういえば、中国、インド、エジプトに共通しているのは、（ビジネスの）口車に乗せるのがうまいということですよね。いずれの国に旅行したときにも、うまいこと（？）だまされちゃうんですよ!!

三 古代四大文明には商売上手といわれる民族が存在する。例えば、華僑（中国）、アラビア商人（中東）、エジプトからはずれるが、ベルベル人（北アフリカ）。

得 そういえば、東京のファッションパーティ定番ケータリング会社ポアン・ド・ジュールの名物ギャルソンのタレック・アマドゥニさんは、チュニジア出身のベルベル人でしたね。サッカー選手のジネディーヌ・ジダン、沢尻エリカの母親もベルベル人です！

三　沢尻リラだな。評判が良かったが、西荻窪にあった「リラズテーブル」はもう閉店しているね。

得　そして、原宿には有名な古着屋の「ベルベルジン」が！

三　港区専門の不動産会社フレッグインターナショナルの経営だな。藤本保雅・社長は、なかなかユーモアのセンスがあるな。それはそうと、ベルベル人はフランスへの移民も多く、仏系金融機関で働くかなりのスタッフはベルベル人だという説もある。

得　ベルベル人かどうかはわかりませんが、冒頭に登場したナタフ＝ゼニスＣＥＯは、チュニジアのチュニス出身、シドニー・トレダノ＝クリスチャンディオール　クチュール社ＣＥＯ、ラルフ・トレダノ＝クロエＣＥＯもモロッコ出身でこの2人はなんといとこ同士、ジャン＝クリストフ・ベドス＝ブシュロンＣＥＯもモロッコ出身です。仏ラグジュアリー・ブランドでも、北アフリカ生まれが出世するのですね。

三　北アフリカといえば、アルジェリアのオラン生まれのイヴ・サンローランが6月1日に亡くなった（6月9日号P.11～13）。

得　デザイナーにも北アフリカ系は多いですよね。アルベール・エルバス（モロッコ・カサブランカ生まれ）、アズディン・アライア（チュニジア・チュニス生まれ）……。ジョン・ガリアーノは北アフリカ鼻先のスペイン・ジブラルタル出身。

三　いわゆるパリっ子デザイナーとは、性根の坐り方が違うな。一種のコンプレックスがあるのだろうかな。いずれにせよ、ＢＲＩＣｓの次はアフリカだな。すでに日本の自動車メーカーは動き出している。

得　ファッション企業でも、ベネトンはチュニジアに工場を持っています。5月28日には、アフリカ・セネガルのバンドをバックにファッションショーを国立競技場で行なってましたよね。

三　アフリカづいているな。日本のファッション企業は、中国では今ひとつ成果が出ていないから、いっそのこと、ロシアやインドをすっ飛ばしてアフリカを狙ってみたらどうなんだろう。

NOTE

中国や発展途上国のブランド消費の話。ここで登場の「ベルベル人」というのはウケた。特に沢尻エリカの母親がベルベル人だという話や原宿の古着屋の「ベルベルジン」。もう退社してしまったが得田由美子さんはやはりノリの良い女性だった。今後、世界の中心は古代四大文明発祥地になるという珍説も披露されている。サミュエル・ハンチントンの「文明の衝突」の影響か。

8

Jun. 16 2008

「スピード」の高速水着騒動

三浦彰・WWDジャパン編集委員（以下、三） 今回は、世を騒がせている「スピード（SPEEDO）」の水着を取り上げよう。6月6日から8日まで、東京で行なわれた競泳ジャパンオープンで、出場した日本代表26選手中、22人がスピード社の「レーザー・レーサー」（ＬＺＲ）を着用。17個の日本新記録が生まれたが、そのうち、16個がＬＺＲ使用選手によるものだった。

大江由佳梨・記者（以下、大） 弊紙では、２００７年１月８日号のP.14で日本での「スピード」のライセンス先が、ミズノから、マスターライセンシー＝三井物産&サブライセンシー＝ゴールドウインに変更になった記事を取り上げています。日本水泳連盟が北京五輪で契約を認めていたのは、ミズノ、デサント、アシックスの３社でしたが、スピードの水着を着用することを10日、北京五輪に限り同連盟が認めました。五輪用はゴールドウインの生産ではなくて、スピードが欧州大陸の秘密工場で生産しているものです。

三 特に、競泳陣の最大のスターである北島康介がジャパンオープン最終日の２００メートル平泳ぎで、ＬＺＲの水着で世界新を出したのが決定打になった。ゴールドウインの株価も急騰している。6月9日には、6日に比べ54円高、10日には80円高のストップ高で３７９円。

得田由美子・特集担当ディレクター（以下、得） ミズノはスピードと契約している時に、高速水着のノウハウ習得はできなかったんですか？

三 今話題のＬＺＲが開発されたのは、40年に及ぶ契約が終了してから。契約解消は創業１００周年を機にミズノが自社ブランド強化を図るためだった。今回の件に関する記事をいろいろ読んだが、ミズノが前のライセンシーで皮肉な結果だなんて書いているマスコミは見当たらなかった。北京五輪も近いことだし、業界最大手のミズノにかなり配慮している感じがする。

大 ＬＺＲには「コムデギャルソン」の川久保玲も関わっています。２００６年にスピードと契約をしていて、毎年コラボ水着を発表していますが、今回のＬＺＲは川久保玲によるデザインです。水着の側面にあるのは前衛書道家の故井上有一氏（１９１６〜１９８５）の「心」という書を川久保玲がグラフィカルに表現したものです。今年の弊紙2月18日号P.18で彼女は「私が興味を持ったのは、最終的に結果を決定づける精神に由来するエネルギー、勝つという意思、パワーを表現することだった。『スピード』の最高のテクノロジーと井上有一の芸術の力と精神が結び合わさればきっと新記録が生まれることだろう」と述べています。

得　なんかご神託みたい。新記録ラッシュには、井上有一と川久保玲の「念力」が加わっているということなんですね。ちょっとオカルトチックですね。この「念力」は日本人にしか通用しないんじゃないかしら。このことを日本水連が知っていれば、もっと早くから着用していたのでは。

三　「H&M」とのコラボに続きギャルソンはLZR水着でも話題になりそうだな。でも、このあたりに触れた記事っていうのも全く見かけない。日本のスポーツ・マスコミというのはどうなっているんだ。

大　スピード社は、もともと１９２８年にスコットランド人移民のアレキサンダー・マックレイによってオーストラリアで設立されたアンダーウエアの会社です。１９２０年代に「レーサーバック」という高速水着を生み出し、その後英国企業に買収されて、本社をロンドンに移しています。

三　高速水着一筋に80年か。いかにも、アングロ・サクソンらしい奥の深さだ。それに、ギャルソンとコラボするなんていうところも、なかなかだな。こんな発想は日本のスポーツメーカーにはまずないだろうな。

得　ライセンシーのゴールドウインという社名はかなりベタですね？

三　旧社名は津沢メリヤス製造所。富山県津沢（現小矢部市）で１９５１年創業。東京五輪の前年にゴールドウインに社名変更。日本人選手に何とか金メダルを獲らせたいと、それこそ血のにじむような努力をした。その結果、日本選手団の16個の金メダルのうち、大半が同社製ユニフォームを着用。これが、その後の飛躍につながった。

得　でも、今はライセンスものの「エレッセ」「ザ・ノース・フェイス」「チャンピオン」「ヘリーハンセン」が主力ブランドになっていますね？

三　その通りだな。今回の「スピード」騒動というのも、日本の技術開発力が、今ひとつだということを証明したようで、ちょっと寂しい。もう一度、オリジナルブランドで熾烈な開発競争に勝利して欲しいと思うが。

NOTE

2008年は北京オリンピックのあった年。それに因んでスピード社の「レーザー・レーサー」騒動がお題。水着の側面にあるのは前衛書道家の「心」という書を川久保玲がグラフィカルに表現したものというのは意外に知られていなかった。川久保玲の「念力」は日本人にしか通用しないのではというコメントは笑える。

9

Jun. 23 2008

時計ビジネスの新潮流

三浦彰・WWDジャパン編集委員（以下、三）　グッチ・グループの親会社であるPPRが高級時計の「ジラール・ペルゴ」と「ジャンリシャール」を保有するソーウィンド・グループの株の23％を買った（6月16日号P.3）。LVMHの「ウブロ」買収もあったし（5月12日号P.3）、時計業界が騒がしいね。

得田由美子・弊紙特集担当ディレクター（以下、得）　ソーウィンドのルイジ・マカルーソ＝会長兼最高経営責任者は、まだ過半数株式を所有しており、買収というより、友好的な資本・業務提携です。以前、「ジラール・ペルゴ」はグッチ・グループ傘下のジュエラー「ブシュロン」にムーブメントの提供もしていて、関係は良好だったようです。また、同ブランドは、「ハリー・ウィンストン」にもムーブメントを提供、複雑時計を得意とする一貫生産体制を堅持する数少ないマニファクチュール・ブランドです。

三　従来は「ベダ」を保有しているぐらいだったから、これで、PPR／グッチ・グループも本格的に時計ビジネスに参入するということか。

得　06年、グッチグループウォッチーズ（スイス本社）に所属していた時計部門をグッチ本体に吸収し組織を改編、同年4月のバーゼル・ワールドでもフリーダ・ジャンニーニデザインの時計をローンチするなど時計に注力中です。今年は、「パンテオン」ダイバーズウォッチを発表。今後、本格機械式時計が続々と発表されるんでしょうね。

三　LVMHグループの「ゼニス」「ウブロ」、スウォッチ・グループ「ブレゲ」「ブランパン」「グラスヒュッテ」、リシュモン・グループの「ジャガー・ルクルト」「ランゲ＆ゾーネ」「ピアジェ」、ブルガリ・グループの「ダニエル・ロート」「ジェラルド・ジェンタ」など、それぞれのグループがマニファクチュール・ブランドを所有していて、複雑時計競争が激化していた中、PPR／グッチ・グループだけが遅れをとっていた感があった。今後、時計ビジネスにスポットライトが当たりそうだな。ポイントは、ムーブメントを作れるブランドがいくつあるかだな。

得　日本市場の時計ブームは沈静化していますが、中国、ロシア、中東市場の急進もあって、史上最高の決算をマークしているブランドが多く、スイスの時計業界は空前の活況を呈しています。特に、これらの新興国の富裕層は超複雑高級時計志向ですからね。

三　そういえば、大物の「ジャガー・ルクルト」は、リシュモン・グループとLVMHが最後まで激しく争っていたね。時計の話題といえば、「ルイ・ヴィトン」が、6月21日に松屋銀座1階正面入り口に、時計&宝飾のサロンをオープンした（6月23日号P.3）。

得　LVMH傘下の「デビアス」の売り場のあった場所ですね。「デビアス」は今年の3月に松屋銀座のすぐ近くのマロニエ通りにデビアスビルをオープンしたから、同店4階の売り場も含めて、そちらに移転しました。

三　しかし、「ルイ・ヴィトン」の日本戦略は売り場の広さによってプレタポルテの展開をしないケースはあるものの、トータル展開が基本。2月にオープンした阪急メンズ館でのメンズラインのみの展開というのはあったが、今回の時計・宝飾売り場の意味合いは違う。遅ればせながら今後様々なアイテム限定売り場を展開しますよということではないのか。

得　すでに香港のペニンシュラホテルのメインロビーとパリのギャルリー・ラファイエット百貨店に「ルイ・ヴィトン」の時計・宝飾のショップがあります。松屋銀座は日本初で世界で3番目のショップです。これはワールドワイドの戦略なのでしょうか。

三　アイテムをバラして売るのは、イメージ戦略上決してプラスにはならないが、そう悠長なことも言っていられない状況なのだろうな。戦略転換してアイテム限定売り場を始めたということは、将来的に香水を手始めにした化粧品ビジネスへの参入も考えられるということだな。

得　プレタポルテ・雑貨の顧客と、時計宝飾の顧客層は少し違うので、「シャネル」のように時計・宝飾専門のショップを展開するのは十分理解できるのですが、今回のように百貨店正面入り口1階というロケーションはどうなんでしょうか。高額商品の販売に適しているのかどうか注目です。

三　「ルイ・ヴィトン」は、今秋、柏島屋ステーションモールに国内57店舗目になるブティックをオープン予定。着々と店舗網を広げており、なりふり構わぬ感じだな。ラグジュアリー・ブランド界の王者「ルイ・ヴィトン」にして、こうなのだから、あとは推して知るべしということかな。

NOTE

ムーブメントまで一貫して作れるマニュファクチュール・ブランドにスポットが当たっていることをお題にした時計業界の話。日本の機械式時計ブームはとっくに終わっていたが、この時までスイスの時計業界は空前の活況を呈しているとある。わずかにこの3ヵ月後にとんでもない地獄がやってくるとは想像もできなかったわけで……。

10

Jun. 30 2008

雑誌の不況の現状

得田由美子・弊紙特集担当ディレクター（以下、得）　9月の発売号をもって、講談社の「スタイル」「キング」両誌が休刊になりますね（6月23日号P.15メモ欄）。

三浦彰・WWDジャパン編集委員（以下、三）　「スタイル」は25歳から30歳代のOLをターゲットにした女性誌で、このゾーンには、両横綱の「オッジ」（小学館）、「クラッシィ」（光文社）を筆頭にして、「バイラ」（集英社）、「ボアオ」（マガジンハウス）、テイストが若干違うが同じ年齢層をターゲットにした「AneCan」（小学館）も昨年3月創刊。さらに「ミス」（世界文化社）も「通勤」スタイルを前面に出して来ている。その中で「スタイル」の発行部数は下位グループだと言われていた。

得　宝島社の「スウィート」「インレッド」も、このゾーンにカテゴライズされるのではないですか？

三　20〜30代の大人カジュアル系雑誌だったが、通勤スタイルの多様化を受けて、このあたりも前述の7誌に加えてキャリアの購読が増えている。

得　かなりの激戦区ですね。

三　両横綱を追う存在としては、大量のテレビCMで媒体認知度を高めている「バイラ」がいち早く抜け出ている。

得　来年創刊予定の「グラマー」（コンデナスト・パブリケーションズ・ジャパン）も、このゾーンに向けた雑誌になると言われていますが？

三　キャリア層のファッションが大きく変化しているのを受けた創刊だと聞いているよ。

得　同誌の編集長に予定されているのは軍地彩弓（さゆみ）元「グラマラス」ファッションディレクターで、「ViVi」編集部の15年間も含め、講談社に20年間も契約社員として在籍。

三　「グラマラス」が軌道に乗りつつあるが、これは彼女の功績が大きかったのではないか。雑誌の業界で、創刊あるいは準創刊を成功させた編集者といえば、本当に数えるくらいしかいないから、そのあたりを評価したんだろう。

得　２００６年9月に創刊されたメンズ誌「キング」の休刊も驚きました。

三　関東大震災の翌年、１９２４年に創刊し、初めて１００万部を記録した講談社の伝説の看板雑誌（57年休刊）で、簡単にはやめられなかったはずだが、わずか1年半で休刊。今の雑誌業界の厳しさを象徴しているね。

得　ニートとフリーターを応援する老執事役を目指したいと創刊されたそうですが、最近は岡村隆史が表紙になるなど、かなり試行錯誤している感じでした。

三　「レオン」後遺症と言っていいんじゃないかな。光文社の並河良・社長（当時）は、「今のメンズ雑誌市場は、落語の『野ざらし』みたいだ」と評していた。

得　何ですか、それ？

三　女の骨を釣り上げた隣人が、その骨の主である美女の訪問を受けたと聞いて、川に骨を釣りに行く男が演じるドタバタを描いた落語だ。「レオン」の成功を見てしまって、オレもオレもと釣り場を荒らしてしまったということだな。

得　「レオン」と言えば、メンズ雑誌業界で話題を提供しているのは「レオン」出身者ばかりですね。

三　休刊した「ジーノ」の岸田一郎氏は、青二才禁止の粋な爺（じい）に向けたファッション誌「Z（ジー）」（エムスリーパブリッシング）のリニューアルを手掛けたと「週刊文春」に書かれていたが、本人はうまく利用されたと笑っていた。スポンサーには困らないと豪語して、来月にも新しい富裕層向けのWEBメディアを発表するという。

得　元「レオン」副編集長の大久保清彦・「オーシャンズ」「ローリングストーン」前編集長が、弊社のファッション&カルチャー誌「トキオン」のエディトリアルディレクターになって、9月末に再創刊します。

三　セブン&アイ出版の生活情報誌「サイタ」のエディトリアルリーダーも兼務するほか、元電通雑誌局の吉良俊彦・TMS代表とピーフォーという会社も立ち上げた。ただの編集者には飽き足らず、総合プロデューサーの道を歩んでいるということか。

得　さらに、元「レオン」編集部員の荻山尚・「センス」編集長が6月20日付で円満退社（6月23日号P.22メモ欄）。

三　守谷聡・ラウンドハウス社長兼「ハート」編集長が兼務するようだ。荻山君は、守谷社長みたいに坊主頭にしなかったからじゃないか（笑）。

得　そういえば、最近会った広告代理店マンが忙しくて死にそうだとボヤいていました。なんでも、雑誌の広告ページが埋まらなくて白くなりそうなんで、イメージのいいタダ広告を頼むSOSの電話ばかりなんだそうです。

三　雑誌不況も極まれり、だな。

NOTE

9・15ショック以前でも雑誌業界の不況風は相変わらずだ。コンスタントに休刊情報が流れている。後に創刊中止になる「グラマー」（コンデナスト・パブリケーションズ・ジャパン）に「グラマラス」から軍地彩弓・ファッションディレクターが編集長候補としてスカウトされた話もでてくる。さらに「グラマー」は創刊を急遽中止。この業界も一寸先は闇である。

11

Jul. 7 2008

ブランド・イベントの最新トレンド

得田由美子・弊紙特集担当ディレクター（以下、得） もう7月ですが、3月に「スワロフスキー」「ダミアーニ」「デビアス」がそれぞれ銀座店オープニング・イベントを開いたのを最後に、最近、ラグジュアリー・ブランドの派手なイベント&パーティが少なくなった気がしませんか？

三浦彰・WWDジャパン編集委員（以下、三） 経費削減で広告・宣伝費が減っているんだろうな。傾向としては、店舗のオープニング・イベントに代わって、アート・イベント、チャリティ・イベントが増えているね。

得 そうした中、6月18日に上野公園で行なわれた「エルメス」のテーマ発表会（6月30日号P.31）はかなり大規模だったようですね。上半期のベスト・イベントの呼び声が高いですけれど？

三 「エルメス」の今年のテーマは〝眩惑のインド〟。有賀昌男・エルメスジャポン新社長のお披露目もかねていたので盛大だったな。

得 まず、旧東京音楽学校・奏楽堂でオペラ「隅田川」（世阿弥・原作、千住明・作曲、松本隆・台本）を上演し、その後東京国立博物館内の法隆寺宝物館でインド舞踏やパフォーマンスを見ながらのパーティでしたね。でも世阿弥の能がなんでインドに関係するんですか？

三 インドといえば、仏教発祥の地。無理やり解釈すると、仏典にある輪廻転生、西方浄土というキーワードで、隅田川とガンジス川をくっつけたのだろうが、ちょっと無理があったんじゃないかな。千住明のオペラはどうしても昨年放映されたNHK大河ドラマで彼が音楽を担当した「風林火山」を思い出して困ったよ。むしろ宝物館のパーティで供された「ブノワ」のインド料理というのが珍しくて好評だったな。

得 6月10日から、銀座メゾンエルメス「フォーラム」でも、N.S.ハーシャ／レフトオーバーズ」という、インド人アーティストの展覧会を開催し、インド尽くしですね。ところで、有賀新社長は以前ロエベカンパニー社長でしたね？

三 有賀社長は、伊勢丹、バーニーズジャパンを経て、コーチジャパン、LVJグループ ロエベ カンパニーで活躍。いずれのブランドでもタイミングがよかったこともあるが好業績を残した。その実績を買われての抜擢だろう。ラグジュアリー業界に転じて、コーチ→ロエベ→エルメスはホップ・ステップ・ジャンピングの三段跳びだとも言われているよ。今回（エルメス）は一番大変な時期の社長就任で本当の意味での試金石だろうね。「ここで頑張らないと、ずっと続けてきたエルメスの看板でもある文化的イベントもできないということになる」と危機感を話していた。齋藤峰明・前社長は、若い頃画家を目指してパリ留学した程でアートに対して理解があったけれども、有賀社長に「アートはお好きなんですか？」って尋ねたら、「私が好きなのはビジネス」って即答していた。

得　齋藤前社長は、パリの本社に取締役として移られるんですね？

三　アイデアマンだから、パリ本社発で様々な仕掛けをしてくれるんじゃないかな。そういうことにかけては、今では日本の方がアイデア豊富だからね。齋藤さんは海外ファッションブランド協会会長も退任し、山縣憲一＝ロロ・ピアーナジャパン社長が新会長に就任。その就任パーティが6月16日に行なわれた（6月30日号P.31）。私も出席したが、メンバーもだいぶ若返った印象だった。

得　あら、山縣さんって渋いイイ男。眠狂四郎が当たり役の市川雷蔵に似ててモテそうですね。50歳くらいにしか見えませんけど？

三　あの協会の最年長会員ということで選ばれたわけで、そんなに若くはないよ。軽く「大台」を超えている。慶應ボーイで大学時代は器械体操でならしていたから今でもメタボとは無縁の若々しさなんだろう。三越のニューヨーク駐在が長く、「パロマ・ピカソ」の日本ビジネスなどを手掛けて、グッチ・グループ・ジャパンを経て現在に至っている。

得　「ロロ・ピアーナ」って、この厳しい時期にもそこそこ売れているんでしょう？

三　いわゆるロゴを前面に出さないディスクリート（控えめな）・ラグジュアリー・ブランドだ。「ボッテガ・ヴェネタ」なんかも同じカテゴリーに属するね。

得　ユーロ高でブランド離れが進んでいると言われていますが、こういう控え目なラグジュアリーというのは、本物のリッチ層に支持されているからなかなか客離れしないのでしょうね。私も控えめに行きますわ。

NOTE

すでにラグジュアリー・ブランドでは派手なイベント&パーティが少なくなった気がするとの発言あり。それでもアートイベント、チャリティ・イベントが増えているとある。エルメスジャポンの新社長に就任したばかりの有賀昌男氏と「エルメス」の年間テーマ発表会にスポットを当てている。伊勢丹→バーニーズジャパン→「コーチ」→「ロエベ」→「エルメス」と三段跳びした有賀氏の「私が好きなのはビジネス」の発言はなかなか。

12

Jul. 14 2008

海外メンズコレクションあれこれ

三浦彰・WWDジャパン編集委員（以下、三）　村上君はピッティ（フィレンツェ）、ミラノメンズ、パリメンズと20日間メンズコレクションの取材をして来たわけだが、全般には低調な感じだな。まずピッティでは、三原康裕とプーマ、プレイステーション3のコラボが話題だったね？

村上要・弊紙記者（以下、村）　ゲーム上で「プーマ バイ ミハラ」の新作コレクションを登場人物に着せることができて、世界のファッション好きにそのコーディネイトをオンラインで紹介できるという代物です。ファッション・フリーク向けですね。来年6月のピッティには、「アンダーカバー」が招待デザイナーに選ばれています。

三　海外の方が、日本のデザイナーに対する評価が高いという証拠かな。ミラノはどうだったの？

村　特にミラノは話題が少なかったですね。コレクションよりも、ヴェリ（Verri）通りにオープンした「トム・フォード」の店が印象に残っています。このブティックのオープニングパーティのあった6月23日は、「グッチ」のショー。夜には、アフターパーティもあって、完全にバッティング。取材陣は気を使ってました。

三　意図的バッティングかね。トムは、「グッチ」の中興の祖とも言うべきデザイナーだが、ある意味ではケンカ別れして、最高経営責任者だったデ・ソーレとともに自分のブランドを立ち上げた。新店の場所は「ゼニア」のミラノ旗艦店のあったところだな。トムのウエアはゼニアが作ってるからな。パリはどう？

村　パリでは、何と言っても、コレクションだけでなく、「コムデギャルソン・オムプリュス」のショーの後に発表になった「ルイ・ヴィトン」とのコラボ・バッグが話題でしたね。

三　どんな発表のされ方だったの？

村　ショーの後にバックステージに来てくれということで行ってみたら、川久保玲さんとスージー・メンケス（インターナショナル・ヘラルド・トリビューン記者）がLVとのコラボの話をしていました。スージーが「もうギャルソンは世界的に有名なのに、なんでこんなコラボをするのか？」って聞いていて、川久保さんが「ヴィトンがどんなクリエイションをするのか見たかった」って答えていましたね。

三　このコラボには驚いたな。「H&M」の時でも、個人的には「なぜ?」だったが、今回も「なぜ?」。「スピード」の高速水着はもう8年にもなるコラボだし水着のナンバーワンメーカーということで、その取り組みは理解できた。「H&M」は先方からの申し入れだからなんとか納得できた。しかし今回はギャルソンサイドからの申し入れと聞いてるからな。海外のラグジュアリー・ブランドの日本での攻勢を苦々しく思っているという川久保さん本人の言葉も知っているから、「なぜ?」は残るね。ハンドバッグ&鞄では世界一のメーカーとの取り組みということなんだろうが。それでも「なぜ?」だな。イヴ・カルセル=ルイ・ヴィトン マルティエ社最高経営責任者は、「キース・リチャーズ(ローリングストーンズ)みたいな破天荒なミュージシャンも、我々のコア・ヴァリュー・キャンペーンに登場してくれた。レイ(川久保)のようなアバンギャルドも、モノグラムを始めとしたブランドの魅力には抗し難いんだよ」って言っていたがね。そんなもんかな。それで、パリメンズのベストは?

村 やっぱり「ランバン」ということになるでしょうか。「アクネジーンズ」とのコラボは大注目ですね。コラボのおかげで10万円程度のデニム・ジャケットが出てきました。飛ぶように売れそうですね。リカルド・ティッシが初めて手掛けた「ジバンシィ」メンズも注目でしたね。スタイリストと編集者の個人オーダーだけでセレクトショップ数軒分の売り上げに達しそうと日本での取扱先のサードカルチャーが言ってましたよ。レース使いのトップス、ハトメのスカーフが人気でしたね。

三 来春はこれと「ランバン」と「トム・フォード」がリードブランドになりそうだな。

村 そうですね。でもメンズトップファッションのメッカである伊勢丹メンズ館には、「ランバン」も「トム・フォード」も入ってないのが業界の七不思議ですね。「トム・フォード」は今年3月に阪急メンズ館に登場して以来好調らしいです。「伊勢丹メンズ館にはいつ登場するんだ!!」の電話がよくブランド側にも伊勢丹側にもかかってくるらしいですよ。

三 しかし、超過密店舗だから何か「大物」をどかさないとなかなか売り場は作れないし……。今年の秋はもう無理だが、来春は大変なことになりそうだな。担当者も頭の痛いことだろうな。

NOTE

ここでも「ギャルソン」と「ルイ・ヴィトン」のコラボに疑問を呈する世界的ジャーナリストのスージー・メンケスの話が出てくる。誰かが『ギャルソン』は脅威の対象になるような存在には敢えて近付いて同化してそのエネルギーを吸収してしまう傾向がある」と述べていたが、ナルホドだ。かつては「マルジェラ」ともコラボしたし、ファストファッションの帝王「H&M」とラグジュアリーの帝王「ルイ・ヴィトン」も食っちゃう!?

13

Jul. 21 2008

「だんご三兄弟」真夏の怪談

三浦彰・WWDジャパン編集委員（以下、三） 百貨店の第1四半期（3〜5月）の売り上げが発表になっているが、想像していた通り厳しい結果だね。

得田由美子・弊紙特集担当ディレクター（以下、得） J・フロントリテイリング、ミレニアムリテイリングともに大幅減益、松屋は通期では赤字予想です。

三 売上高はさほど落ちていないが、利益は厳しいな。この期間はバーゲンがないから、利益率の高いファッションや高級宝飾などが大きく売り上げを減らしているためだろう。また、新店やリニューアル費用に加えて売り上げを作るための店外催事費用もかさんだんじゃないか。ところで、業界で話題になっている百貨店の「だんご三兄弟」を知ってる？

得 メタボの大敵、余分三兄弟ではなく？

三 都心の某有名百貨店で、6月の日計（1日の売り上げ）でゼロを記録した有名ラグジュアリー・ブランドが3つあったと話題になっているんだよ。

得 日計ゼロは、高額時計宝飾売り場ではよくある話ですよ？

三 年間軽く10億円売り上げるようなビッグ・ラグジュアリーが日計ゼロだったから話題になってるんだよ。

得 その3ブランドって何ですか？

三 店名もブランド名も絶対に言えない。

得 せめてイニシャルだけでも！

三 言えない。言えないが、事実なので大問題になっている。

得 お財布ぐらい売れそうですけどね。寒ーい話ですね。真夏の業界怪談話という感じ。

三 ブランドものだけでなく、高級化を進めてきた食品売り場も、客離れが始まっていると聞いている。

得 それでも、百貨店の売り上げの中で何とか前年をキープしているのは化粧品と食品だと言われていましたが。

三 ファッションはともかく、せめて食べるものでも高級にしましょうという消費者まで引っ込みつつあるということかな。

得 たしかに久方ぶりに都心の百貨店の食品売り場をのぞいてみたら、ちょっとびっくりするような高級な品揃えで、いくら富裕層狙いでもこれはやり過ぎだと思いました。

三 いずれにしても、百貨店の高級化路線にはちょっと待ったがかかるかもしれないね。実際、消費者の節約志向を受けて低価格衣料の拡充や中価格帯のＰＢ（プライベート・ブランド）の開発が進んでいる。

得　株もずっと下がり続けていて、上がりそうな感じがしませんもんね。この株安では特に、高級時計宝飾については厳しい感じがしますよね。

三　日経ダウで1万３０００円をついに割り込んでいる株式よりも、要注意なのはユーロ高の方。ずーっと１６０円台後半で推移しているが、１７０円を突破するのも時間の問題だな。今秋にかけて、客離れを防ぐためにユーロ高なのにいち早く価格改正をして値下げを表明した「サルヴァトーレ フェラガモ」、来秋に大幅な値下げを予定している「バリー」の例があるが、ユーロが１７０円を突破しても値下げ断行するのだろうか。

得　値下げをしても、売り上げに大した影響はないという声も耳にしました。ちょっとの値下げくらいでは、冷え込みすぎた消費にとって購買動機にはならないんでしょうね。それと、最近、不動産不況なんて文字も躍っていますけど、ファッションのメッカである銀座、表参道界隈についてはどうなんですか？

三　この二大地域については、例外的に地価も高止まりしていたんだが、さすがに昨年後半に天井を打った感じだな。すでにピーク時の6ガケになっている物件もある。例えば、表参道の伊藤病院の向かいのマクドナルド周辺の土地を買い漁っていたスルガコーポレーションが負債総額６２０億円で民事再生法を申請し、7月25日付で上場（東証２部）廃止。取得していた土地は投げ売りになるだろうから、悪影響がでそうだな。倒産しそうな中小の不動産業者は数え上げたらキリがないくらい。

得　表参道界隈というと、高級スーパー紀ノ国屋跡地に建設中で、来年3月に完成するＡＯ（アオ）の商業棟のテナントがどうなるのか注目ですね。

三　上場会社の大東建託のオーナーである多田ファミリーが所有しているが、こちらはこの地域最後の大型物件ということで、最近の不動産バブル崩壊にもかかわらず、大物ブランドが名乗りをあげている。

得　そう言えば、建て替えが噂されている表参道のランドマークであるハナヱ・モリビルの今後も気になりますね。

NOTE

業界内ではこの「だんご三兄弟」というのがウケた。もう今では日計のその日の売り上げがゼロのラグジュアリー・ブランドなんて今では珍しくもなんともなくなったが、当時はちょっとした話題になった。情報のリーク先とその３ブランドは一体なんなのかと行く先々で聞かれた。リーク先なんて死んでも言えません。ジャーナリズムの基本です。それにその三兄弟がどのブランドなんてことも。

14

Jul. 9 2008

ブラジル・ファッションの現在

三浦彰・ＷＷＤジャパン編集委員（以下、三）　サンパウロ・ファッション・ウィーク（以下、ＳＰＦＷ）の取材で6月中旬から下旬までブラジルに行ってきたそうだな（7月28日号P.18～21&P.28）。日本の裏側まで片道30時間もかかるんだって!!　御苦労様、というか2週間もいなかったのにその間の編集業務に全く支障がなかったということは、北條君、大丈夫なのか？　それより発表されたコレクションのシーズンはいつなの？

北條貴文・弊紙記者（以下、北）　２００９年春夏です。ミラノメンズよりも前なので世界一早いと思いきや、ファッション・リオはなんとＳＰＦＷの前にありました。とにかくブラジルの春夏は早いんです。季節は真冬でしたが日本の春のような気候で快適でした。

三　今年は日本からのブラジル移民１００周年にあたる記念の年。26年ぶりに来伯した皇太子が出席する記念式典も首都ブラジリアで行なわれた。

北　その記念式典で歌手の五木ひろしが君が代を歌う予定でしたが、契約段階でブラジルの〝ラテン気質〟に付いて行けず急遽キャンセルという「事件」もありました。

三　ＳＰＦＷは「MOTTAINAI」（もったいない）がテーマで主賓は高田賢三。記念講演は大いに盛り上がったらしいね。講演前はアマゾンの奥地まで探検していたというが、その探検を条件に招待を受けたという話だ。彼が１９７０年に発表した「KENZO」だが、当初は「ジャングル・ジャップ」というブランド名だった。彼はジャングルが好きなのよ。

北　ＪＦＷ推進機構理事の太田伸之氏も今回招待されていました。そして彼が日本代表として同行した「ミントデザインズ」がＳＰＦＷのオープニングを飾りました。

三　「ミントデザインズ」も現地のトップモデルを使ったら日本とは全くベツモノに見えたらしいな。とにかく帰国後の太田氏は今回のＳＰＦＷを大絶賛していたぞ。しっかりした組織と集中日程、そしてフィアットなど海外企業の熱のこもった展示ブース、そしてなによりもカーニバル感覚の熱気と盛り上がりだ。ＪＦＷの体温の低さを反省していた。

北　コレクションの現場でもいくつか光るものはありました。でも市場は富裕層が圧倒的に主役ですから、ストリートにまでそのセンスが浸透しているかというと疑問ですね。

三　ブラジルは特に貧富の差が激しいからな。サンパウロ郊外にはスラム街を潰して巨大百貨店がオープンしたそうだが。

北　5月30日にオープンした南半球最大級の百貨店「シダデ・ジャーディン」ですね。敷地の隣が本当にスラム街のバス停でドン引きでしたが。ラグジュアリー・ブランドをほぼ網羅する品揃えで館内には庭があり、ガードマンも数十人待機。物騒かと思いきや意外と安全で心地よかったですね。

三　サンパウロ・マーケットの話はもういいから、将来的に日本でブラジル・ファッションは定着するのかな？　ブラジルは〝親日〟のお国柄。〝嫌日〟の中国とは違ってブラジルとのビジネスはやりやすいはずだが。

北　それがちょっと……。サンパウロのある高級ブティックでパンツを試着しようとしたところ、販売員が「あなた様にぴったりのサイズはこれです」と持ってくるんです。試着しても問題ないんですが「もう1サイズ上を持ってきて欲しい」とお願いしても「？」な表情。「ジャストサイズなのにこれ以上何を望むのか？」と言わんばかり。ミラノやパリでこんな苦労はないですから。結局同じパンツのサイズ違いを2本買いました。後日談ですが、一方のパンツはフロントホックが取れており、もう一方も裾のスナップがかみ合わない。この品質は日本ではNGでしょう。

三　ここ数年、日本のインポーターは「次はブラジルが来る！」と言っていた。が、ここに来ていろいろと問題が浮上しているようだな。日本の品質基準に合致することがビジネスの最優先事項だが、デリバリーの悪さも言われ始めている。「ブラジルは一日にしてならず」だ。

北　海外バイヤーやジャーナリストからも口々に「ブラジルは春夏ものは良いが秋冬が問題だ」と指摘しています。コットン素材のロングダッフルなんて妙なアイテムも実在するらしいです。

三　だったら百貨店で春夏専門の「ブラジル・ファッション解放区」でもやったらいいんじゃないか。売り場は半年タームで入れ替わり、秋冬ものは北欧・ロシア勢がカバーして共同戦線を張る。意外に大当たりするかも。それぐらい面白いことをやらないと今の日本市場の閉塞感は打破できないな。

NOTE

サンパウロ・ファッション。ウィークを取材に行った北條記者との会話。「2週間もいなかったのにその間の編集業務に全く支障がなかったということは、北條君、大丈夫なのか？」の私の一言が原因かどうかは知らないが、年末に北條君は退社してしまった。同地の高級ブティックでの販売員とのトンチンカンなやりとりも一読の価値あり。今読むと単に北條君が騙されているようにしか思えないのだが。

15

Aug. 4 2008

オンワード・グループの現在

得田由美子・弊紙特集担当ディレクター（以下、得） 今週のテーマはマルニジャパンの本社100％子会社化、そしてヴィクター&ロルフ（V&R）社がオンワード・グループ（G）のジボコーからオンリー・ザ・ブレイヴ（OTB）グループ入りというニュース（7月28日号P.3）ですね。最近このタイプの話題が多いですね？

三浦彰・WWDジャパン編集委員（以下、三） そのたびに述べているが、ユーロ高対応とブランド離れを食い止めるための、本国直轄統治が進んでいるということだ。プライスダウンなど、ダイレクト統治だとスピーディかつドラスティックに実行できるからね。

得 でも「マルニ」、「V&R」と言えば、日本最大のアパレルグループであるオンワードGの傘下ですよね。特に「マルニ」って、ビッグ・ブランドが支配するラグジュアリー市場でも、独自の存在感を主張していて、私もファンですけど、今後注目される存在なんじゃないですか？

三 オンワードG自体が、この消費不況の中で、だいぶもがいている。経営資源をオリジナルブランドを中心にした本業に集中しようとしている表れだろう。マルニジャパンも、小売価格で年商35億円（弊紙推定）という売上高はなかなかだが、中途解約であるにもかかわらずオンワードG側としてはわりとすんなり了承したという。利益的には、黒字は出しているだろうが、大した額ではないのだろうな。

得 でも、マルニジャパンの前出政伸・新社長って、スキンヘッドで容貌魁偉ということもありますけど、坊主頭の吉井雄一・前ラブレスヘッドコーチに似て曲者っぽい感じですよね？

三 たしかに、あまり表舞台には出ないからフィクサーという感じだけど、「ザラ」をビギ・グループにくっつけたり、「ファンデーション・アディクト」をモノにしたり、トランスコンチネンツの再生を一時手掛けたり、八面六臂の大活躍。吉井さん、伊勢丹と組んで伊勢丹新宿店1階で今年9月に「アートコンビニエンスストア」をオープンするよ。繊研新聞では、この2人が南青山でブティックをオープンするなんて7月23日付の第一面で書いていたけど、2人ともすごく怒ってたな。あれは小笠原拓郎・記者が書いたらしいな。万が一、事実でも第一面ってことはないだろうに。

得 私、日刊ゲンダイを毎夕買っているんですけど、最近、シリーズで業界別大不況特集をやっています。7月28日号は「アパレル大不況」。「ユニクロ」好調と今秋上陸の「H&M」の脅威をあおっていて、大したこと書いてないんですけどね。でもアパレル業界の株価を見てると、大半のメーカーは最近の低迷する株式相場でみんな年初来安値をつけてるんですけど、オンワードホールディングスの株価だけは堅調ですね。

三　よく気が付いたな。第1四半期の業績発表では、連結売上高が前年比3・9%減少、通期でも売り上げの減少は避けられないが、利益水準は前年並みを予想。よほどこの数年で在庫調整が進んで収益構造が改善したのではないかな。それとよく考えてみれば、年間30円配当。現在の株価1200円で買って、利回り2・5%。こんな銀行預金は日本にはない。業界最大手でこの株価は安すぎる。買って損する株じゃないよ。さらに大株主を見ると丸井など大手流通企業との株の持ち合いも進んでいる。こういう時期だから、足元を固めて関係を強化しているわけだ。政治力と言えば簡単だが、他のアパレル企業とはこのあたりが決定的に違うな。守りにも強いが、現在の苦境を脱すればいずれ大型買収など攻めに転じて来るのだろうな。

得　一方、「V&R」ですが、OTBグループがオンワードGからV&R社の株式の50%を買い取り、この結果㈱ここのえがオンワードGのバスストップに代わって独占輸入販売権を獲得し、09～10年秋冬から手掛けることになります。

三　OTBグループというか、「ディーゼル」の創始者であるレンツォ・ロッソのパワーを見せつける買収劇だな。「マルジェラ」しかなかったここのえだが、ここに来て「ディースクエアード」「ソフィアココサラキ」に加えて「V&R」を手中にするわけだ。ちょっとしたブランド商社という感じだな。オンワードGにとっては、年商20億円に満たない「V&R」のビジネスは、大した金額ではないし、この消費不況下では他にやることがあるという決意の表れ。こういう厳しい時期には、不得意科目は捨てて必修科目に集中する。得田君も学校の試験や入試はそうやって乗り切って来ただろ？

得　へぇ。全くおっしゃる通りで。

NOTE

「大手流通業と株の持ち合いを進めるなど、守りにも強いが、現在の苦境を脱すればいずれ大型買収に転じる」という私の予言は大的中。この年の8月には「ジル・サンダー」を264億円でその後買収した。この他にも「グレイスコンチネンタル」を展開する日本アイランド社も手中に(2009年9月)。ダイナミックな戦略を全世界レベルで展開できる度胸のある企業となるとオンワードGと最近のファーストリテイリングしかないのである。

16

Aug. 18 2008

北京五輪とファッション

得田由美子・WWDジャパン特集担当ディレクター（以下、得）　8月8日に北京五輪が開幕し、すでに後半戦に入っています。開会式は見ましたか？

三浦彰・弊紙編集委員（以下、三）　開会式の演出が映画監督の張藝謀（チャン・イーモウ）とはな。開会式の費用は5000万ポンド（約110億円）といわれているが、そんなんじゃきかないだろうな。空いた口がふさがらないような巨大さで、バブルとしか言い様がないな。イーモウも「紅いコーリャン」（87年）の頃は良かったが、「HERO」「LOVERS」は完全ハリウッド化しちゃってた。今回の演出も芸術顧問に任命されたスピルバーグのアドバイスもあるのか、テーマは13億人の「人」力なんだろうが、完全にハリウッドの安物スペクタクルだな。

得　「鳥の巣」のアダ名があるスタジアム（北京国家体育館）は南青山のプラダ青山店を手掛けたヘルツォーク&ド・ムーロン（H&DM）が設計しています。9・11テロで無くなってしまった世界貿易センター跡（グラウンドゼロ）の土をスタジアム建設にも使っていて、我々こそ世界の中心と言わんばかりですね。

三　もっともH&DMと共にコンサルタントとして建設に関わった建築デザイナーの艾未未氏は開会式に不参加で五輪批判をしていたがね。当初の予定だった開閉式の天井も予算（約550億円）オーバーから取りやめになったりして、H&DMはだいぶ妥協を強いられた。H&DMのスタッフの菊池宏氏によると、プラダ青山店の工場現場に張り付いていた時に（02年頃）、鳥の巣のイメージを初めて見たらしいな。「アイス・ピラミッド」とも言うべきプラダ青山の造形美に異論はないが、この鳥の巣は、色々と内部に問題を抱える傷だらけの中国を、ぐるぐるホータイ巻きにしているように見えるんだが、うがち過ぎかな。

得　選手団のユニフォームが五輪のたびに話題になりますが、日本選手団の開会式のユニフォームは「ミズノ」。前回のトリノ五輪は「ユニクロ」でしたが、スポーツブランドが手掛けたのは今回が初めてだったそうです。

三　オリジナルブランド強化を進めるミズノがここで勝負をかけている感じがするな。競泳陣がミズノをやめてスピード社の「レーザー・レーサー」をみんな着たもんだからミソをつけたけど、1億9000万円で表彰式用のウエアの権利を買っていたが、2種目制覇した北島康介が表彰台の中央でミズノを着て、溜飲を下げたろうな。

得　式典用、渡航用については、はるやま商事がメンズ、レディスともに担当していますが？

三　郊外型専門店チェーンがスポンサーとは驚いたな。日本選手団５７６人へそれぞれ2着。はるやま商事の広報室によると、特にコンペもなかったという。もちろん無償。昔は熾烈なコンペがあったり、有名デザイナーを起用したりして華々しくやっていたが、なんか拍子抜けするな。景気が悪くて有力大手アパレルはオリンピックどころじゃないってことかな。それでなくとも、みんな土・日には家でオリンピックと高校野球をテレビ観戦しちゃって、買い物に出て来やしないというボヤキが聞こえてくるな。

得　それに比べて、アメリカ選手団の入場行進を彩ったのは、「ラルフローレン」。3大会続いていたカナダを代表するアウトドアブランドの「ルーツ」から奪取しました。五輪向けデザインは今回が初めてというのも意外ですよね。ネイビーのブレザーの左胸にはポロのロゴマークが光ってましたね。ザッツ・ＵＳＡという感じですね。

三　個人的には、オバマやマケインよりも、米国大統領にはラルフ・ローレンが最もふさわしいと思ってる。サブプライムでメタメタのアメリカには、強いアメリカンのシンボルになるようなイメージ・キャラクターが望ましいとマジで思ってるんだけど。まぁ、ラルフ・ローレンはすでに米国の裏大統領という存在だということを実感させる開会式だったな。

得　そういうヨタ話はおいといて、ちょっと質問ですが、北島選手が１００ｍ平泳ぎで金メダルを取った次の日、「レーザー・レーサー」を日本で手掛けるゴールドウインの株がストップ安しましたが、どういうことですか？

三　ああ、いわゆる材料出尽くしというやつだな。これ以上イイことはないから売っておこうという相場の定石だ。ついでに言うと、同様に五輪開幕後の3日間で上海株式市場も９％の大幅下落。中国の五輪後不況という予見かもしれない。得田君も、材料出尽くしなんて言われないように、日々精進するんだね。

得　おっしゃる通りで。

NOTE

北京五輪の開会式を演出したチャン・イーモウに「ハリウッドの安物スペクタクル」と評しているのは我ながらイイ度胸である。同様に開会式の芸術顧問だったスピルバーグも初期作品を除き安手のヒューマニズムかお子様ランチみたいな映画を作っている商売人だと思っている。が、このあたりからG2化している米国と中国の関係も得心が行くというものである。いまだに米国大統領にはラルフ・ローレンが適任だと思っているが。

17

Aug. 25 2008

ＳＡＴＣは業界の救世主

得田由美子・ＷＷＤジャパン特集担当ディレクター（以下、得）　話題の映画「セックス・アンド・ザ・シティ（ＳＡＴＣ）」が8月23日に日本公開されましたね。試写はご覧になりましたか？

三浦彰・弊紙編集委員（以下、三）　見たけど、ちょっと長過ぎないか（２時間24分）。やっぱりこれは30分のＴＶシリーズという「週報」スタイルがピッタリだったんだと思ったよ。ＷＷＤジャパンと同じでね。

得　ＴＶシリーズの軽快さはありませんでしたが、その４年後を描いた今回の映画版は40代、50代に突入した４人のキャラクターがファッションを通じてより個性的になっていました。いわゆるアラフォー（アラウンド40）、アラフィー（アラウンド50）世代がイイ女として描かれているので、可処分所得の高いその世代の女性の購買意欲を刺激するでしょうね。

三　ラグジュアリー・ブランドの最新コレクションがかなり着用されているから、少なくとも業界内では話題沸騰必至だろうな。アラフォー、アラフィーは、ファッションメーカーにとっても、雑誌にとっても攻略しなければならない大きなマーケットだが、どちらもなかなか突破口が見つけられていないのが日本の現状。でもこの映画が起爆剤になるなんてことはあるのかな。

得　ＳＡＴＣの４人を表紙にした「ハーパース・バザー日本版」（７月号）は完売。ＳＡＴＣ別冊付録をつけた「VOGUE NIPPON」（９月号）もほぼ完売状態らしいので、ＳＡＴＣの影響力は大きいんでしょうね。でも、これらに携わった某編集者から、キャリー（サラ・ジェシカ・パーカー）の着こなしがズバ抜けていて、他の３人はイマイチラグジュアリー・ブランドを着こなしていない……という意見も。

三　日本では最近アラフォー、アラフィー雑誌が次々と創刊。が、どれを読んでみても、ファッション欲を刺激する感じはあまりしない。でも、ＳＡＴＣを見て業界のアラフォー、アラフィーが仕事に恋愛にパワーアップしそうだな。問題はこれが業界内にとどまらず、波及するかどうか。

得　この映画だけで、着用衣装は３００着。キャリアアップした４人の個性をより際立たせた、モード誌顔負けのスタイリングで、ウエアでは「シャネル」「プラダ」、靴では「マノロ・ブランク」「ジミー・チュウ」が多用ブランドでした。その中でも、「ヴィヴィアン・ウエストウッド」のウエディングドレスが目玉になっていたのは意外でしたね。

三　アナ・ウィンター編集長以下、米「VOGUE」編集部は、5つぐらいのブランドの中から、ほぼ全員一致で「ヴェラ・ウォン」のウエディングドレスを推したそうだが、監督が「ヴェラ・ウォン」のドレスを直筆メッセージとともにもらっても、サプライズにもならないし、嬉しくないだろうということで、ヴィヴィアンにしたらしい。

得　スタイリストのパトリシア・フィールドは、TVシリーズでも、ここぞというときには、「ヴィヴィアン・ウエストウッド」を使っていました。例えば、キャリーがパリに行くときのピンクの豹柄のスーツケースとか。

三　パトリシアは「プラダを着た悪魔」でもスタイリングを担当していたな。でも、アナ・ウィンター編集長役のメリル・ストリープは、どこにでもいそうなマダム・スタイルで全然ファッショナブルではなかったけどな。

得　アナ・ウィンターのことが嫌いなんじゃ!?　SATCでも、「VOGUE」ファッション撮影のシーンがあるのですが、このときにパトリシアは一切関わらせてもらえなかったという話も。

三　彼女は、今までVOGUEで仕事をしたことがなかったからだろう。ラグジュアリーというより、NYに店を2軒持っていて、ヴィンテージミックスのスタイリングが得意だったから。ラグジュアリーを手掛けるようになったのはSATCのTV版かららしい。

得　今回の来日も映画のプロモーションだけでなく、複数の日本企業に仕事を頼まれているらしいですよ。

三　60歳を超えているけどタフだな。しかし、ホント、よく日本に来るよな。日本のファッション企業は権威に弱いからね。

得　それはそうと、日本版SATCのキャスティングは?

三　色情狂気味のサマンサは山本モナしか考えられないな。そして、キャリーは田中杏子・ヌメロ・トウキョウの編集長、シャーロットはエドはるみ、ミランダは西川史子かな。モナ以外の他の3人は甘糟りり子、片山さつき、佐藤ゆかり、滝川クリステル、青木裕子などとチェンジ可能。

得　三浦さんは、サイズだけは〝ミスター・ビッグ〟ですよね（笑）。

NOTE

2008年を代表する映画のひとつと言っていいだろう「セックス・アンド・ザ・シティ」は、「プラダを着た悪魔」以来の傑作ファッション映画と言っていいだろう。ファッション業界を描いたわけではないが、4人の主要人物がブランドものを見事にこなしているからだ。しかし、このTV版で人気沸騰した靴ブランドの「マロノ・フラニク」は、最近では話題にも上らなくなった。人気というものは長続きしないものである。

18

Sep. 1 2008

どうなる東京コレクション

得田由美子・ＷＷＤジャパン特集担当ディレクター（以下、得）　東京コレクションが今日、開幕しました。しかし、東コレ直前に、ＣＦＤ（東京ファッションデザイナー協議会）の野田謙志・議長が任期半ば1年間で辞任、新議長に大塚陽子・オフィスオオツカ代表が選出されました（8月25日号P.3&9月1日号P.11）。

三浦彰・弊紙編集委員（以下、三）　大塚さんはボランティアレベルのギャランティで議長職を受けたと聞くが、野田氏の他にもＪＦＷ（東京発日本ファッション・ウィーク）を国策にした推進者でもある宗像直子・経済産業省ファッション政策室長も8月4日付で異動、ＪＦＷの実行委員長である三宅正彦・前サンエー・インターナショナル社長も一身上の都合で退任するなど、ある意味では、ＪＦＷの中心的存在の3人が退任する。今後、実行委員長のポスト自体もなくなるという観測がなされている。ちょっと先行きが不安だね。

得　そういえば、日本ファッションウィーク推進機構理事で初代ＣＦＤ議長でもあった太田さん（現イッセイミヤケ社長）が、自身のブログで、ＣＦＤの存在意義を問いかけていました。その中に、「ＣＦＤ議長時代、一部のメディアに刺された」とありましたけど。これって誰のことですか？

三　私ではない！　80年代後半から90年代前半にかけて、デザイナーが所属する企業と契約・条件でモメた時に、太田氏が、みたいな。仲裁していたのは事実で、大体がデザイナーサイドに立って、鞍馬天狗みたいに動いていた。それぐらいＣＦＤ議長というのは当時権限があった。今じゃこんなゴタゴタもなくなって、みんなマイペースでやっているから団結するなんてムードは薄らいでいるんだろうな。

得　太田さんのブログ「売り場に学ぼう！」は、アツイＪＦＷの裏話もあって面白いですね。

三　太田氏はもともと繊研新聞のニューヨーク通信員だったこともあり、筆が立つんだね。ちょっとシツこい文章だけどね（注：太田氏は２００９年11月に毎日新聞社から「ファッションビジネスの魔力」を出版した。自らの波乱に満ちたファッションビジネス人生35年の実録本だという）。

得　ＪＦＷは今年から、その支援が国の特別予算から、一般予算に組み込まれて、国を挙げてファッションビジネスを盛り上げる体制が出来ました。でも、その中心事業である東コレは、パリコレを始めとするコレクションサーキットを挟むようにその最初と最後で分断開催されていますが？

三　「コレクション」というのは、バイヤーやマスコミのために集中的、つまり効率的にスケジュールされた1週間程度のファッション・ウィークのことを言うのであって、分断されているのは論外。これを何とかしなくてはな。

得　内容についてはいかがですか？

三　もうすでに評価が定まっていてシーズンごとに大きく変化しないベテランのクリエイションは、バイヤーとプレスのためにというより、顧客向けなので、いわゆる集中コレクションの中に入らなくてもいいと思うな。評価未定であったり、シーズンごとに大きくクリエイションが変化したり、毎回新しい提案があるデザイナーに絞った厳選したコレクションが期待されているが実現できるかな。

得　具体的に、CFDはどのような活動をしているのでしょうか？

三　東コレは、国からの支援を受けてJFWが運営しているが、CFDはそのスケジュール調整を行なっている。その委託料として、年間1000万円程度がJFWから9月まで支払われているが、今後はわからない。

得　デザイナーのデザイナーによるデザイナーの組織を謳っているのであれば、議長は本来、デザイナーであるべきではないのですか？　実際、NYのCFDAの議長は日本でもラップドレスで人気のダイアン・フォン・ファステンバーグですよね。

三　NYコレは、運営をアスリート＆モデルエージェントのIMGに任せていて、CFDAはデザイナーの社会的地位を向上するための団体だからな。今回の議長人事では、デザイナー代表と実務を担当する大塚氏の共同議長案もあったらしいな。でも、ツー・トップというのもスムーズさを欠くということで、この案は流れたようだね。

得　それにしても、CFDの歴代議長は太田、久田、岡田、野田と〝田〟のつく人が、4代も続いたんですね。

三　だから、今度はWWDジャパンの前編集委員で現杉野服飾大学の織「田」晃・教授ではないかとにらんでいたんだがね（笑）。初代議長の「太」田氏の原点に戻って「大」塚さんには頑張って欲しいね。

NOTE

東京コレクションも2008年、2009年を通して、いろいろあって本欄にはよく登場した。簡単に言うとJFWとCFD組に分裂し、国からの助成金年間6億円も民主党政権の仕分けにかけられて3億5000万円程度になってしまった。最初から国の補助金などをあてにしなければ分裂もしなかったし、ダラダラした五月雨式のショースケジュールもなかっただろうと思うのは私だけだろうか。

19

Sep. 8 2008

東コレ初日にドン小西乱入！

北條貴文・WWDジャパン編集部（以下、北）　東コレが始まっちゃいましたね。僕と麥田（俊一・弊紙ファッションディレクター）さんは、先週号で掲載した東コレ開幕前の事前取材でもはや燃え尽きてしまった感がありますが。

三浦彰・弊紙編集委員（以下、三）　いやあ、福田首相が突然辞任するわ、オンワードがジル・サンダーを265億円で完全買収するわ、ビッグニュースが飛び出して、東コレ初日がかすんじゃったな。あれ、北條君、なんでドン小西が一緒なんだ？

ドン小西（以下、ド）　なにをわざとらしくびっくりしてんだよ。先週水曜日（8月27日）の「ワイズレッドレーベル」でも一緒だったじゃないかよ。

三　そうそう、ドンには東コレ特集のスペシャルゲストとして次々号（9月22日号）で執筆していただく予定でしたね。よろしく。

ド　でもどうかな三浦さん、「ワイズレッドレーベル」だけど、夕刻とはいえ虫が飛び交う野外の駒沢オリンピック公園まで呼びつけたのは？　私はジャーナリストを試していたんじゃないかと思うんだが？

三　踏み絵ですか!?　会場に到着するまで一苦労でしたね。ポツンポツンと道案内のスタッフが立っていたけど、みんな黒ずくめでよく見えないし（笑）。肝心の服もやはり黒ばっかりで野外には不向きだったように思いますが。

ド　デザイナーの鈴木道子はたいした度胸してるよな。彼女はある意味、山本耀司の良い部分を受け継いでいる。だが、ディテールは凝っているのに黒に固執しすぎ。暗くて見えないと言うこたぁない。でもショーが終わった後に挨拶しに来た時の全力疾走は見ものだったな。オツに澄まして出て来たら、リンゴ投げようかと思ったが。

北　あのお土産のリンゴは美味しかったですね。

ド　今さっき見た「ミキオサカベ」はデザイナーの意図が見え見え。60年代レトロです、オリジナルのサマーツイード使ってます、でも背抜きにして軽さを打ち出しています、みたいな。銀色テープ使いのレギンスは「オーロラ」っていう昔からあるプリント技術。どうせショーやるならもう10型プラスして頑張って欲しいな。

三　ランウェイ冒頭に流れた加山雄三のリミックスは多少寒かった。狙っていたのかどうかもビミョー。前回のデビューショーのビッグシルエットが強烈な印象だっただけに、今回はちょっと失望した。ゼロ年代のファッションとは何かを提案できるデザイナーかもしれないと思っていたんだが。

ド　本日初日朝一番の「ミントデザインズ」はなかなか。力が抜けたデザインとでもいうのかな、基本的には文化服装学院の夏期講習だけでも全ルック出来ちゃいそうな技術だけどね。色は3色、素材は綿ローン、絞って緩めてフォルム作って空気感を出す。でも、デザインが非常に効率的。二酸化炭素も出していないエコなファッションだね。

三　同感。東京脱力系というか、アンチ・ラグジュアリーでリアリティに満ちた東京ミニマリズム。ポリエステルプリントコートとゴム長がみすぼらしく見えないからな。昨年も「セリーヌ」のレザートリミングレインブーツが約6万円で大ブレイクしたが、これは来年もいけるアイテムだね。いつも不満のボケたカラーも、こんな色使いもできるのかと驚いたよ。雨が降ればもっと映えたんだろうがね(笑)。

北　以前のパステル調のカラーパレットが、青と赤、黄と黒のコンビなどヴィヴィッドな感覚にシフトしていましたね。日本代表として招待されたブラジルのサンパウロ・ファッション・ウィークの影響でしょうか。

三　そういえば、北條君はブラジルに2週間も行っていたんだよな。でも、あの恐竜の顔飾りはなんなんだ。「ミキオサカベ」でも安物の金髪ウィッグが目についた。「ワイズレッドレーベル」でもヘンな鳥や植物のカブリモノ。

北　あれは06〜07年秋冬の「アレキサンダー・マックイーン」の帽子を彷彿とさせましたね。朝日新聞が鳥インフルエンザの世情と強引に結びつけて書いていて、仰天しました。ミントのテーマは「デスポップ」。事前特集でも、人体解剖書や恐竜の骨など〝スカルを超えたスカル〟をインスピレーションに挙げていたデザイナーが多かったです。

ド　でも、カブリモノに凝るショーは、洋服で見せ付ける要素が足りない場合だと相場が決まってる。あと若手はみんな素材オンチ。しかもフロントローに座る面々にまったく〝華〟がないなあ。結局初日はイマイチってことにしちゃいたいんだけどね。ミントの軽さは良いよ。ちょっと嫉妬しちゃったよ。

三　ドン小西が嫉妬!?　ニュースだな。

NOTE

ドン小西をゲストに迎えた東京コレクション評。ドンとの付き合いは20年以上になる。ドンがデザイナーから活躍の場をファッションコメンテイターに移したキッカケは実は私にあるといったら言い過ぎか。私は10年ほど前BSフジの「お台場トレンド株式市場」という番組のファッション編に毎週土曜日夜生出演していた時があった。ドンがある土曜日夜にTVを見ていると……（次回に続く）。

20

Sep. 15 2008

東京コレクション裏事情

三浦彰・WWDジャパン編集委員（以下、M）　いやぁ、JFWの東コレが9月5日金曜日にひとまず終わったが、土曜日も「エル・ジャポン」のイベントや新人デザイナーファッション大賞を見た後、「h.ナオト」のショーを拝見。ゴスロリの嵐で特に外国人記者には見て欲しかったなぁ。ほとんどが公式日程は金曜日で終了したと思っていたはず。週が明けて月曜日、交通費を精算していたらタクシー領収書がザクザク。経理通るかな?

北條貴文・弊紙編集部（以下、北）　2日目なんて原宿クエストホール（明治神宮前）からスタートして、時事通信ホール（東銀座）、新宿高島屋（新宿）、TOKYO FMホール（半蔵門）、原宿クエストホールに戻って、ラフォーレミュージアム六本木（六本木一丁目）、最後が東京ミッドタウン（六本木）そして編集部（西麻布）。目が回りました。

ドン小西（以下、ド）　4日目11：00の「ジン・カトー」なんて新木場のスタジオコーストアゲハだぜ。そこから渋滞のなか12：00に原宿クエストの「マトフ」なんて、アゲハ蝶にでも変身しない限り間に合わんよ。

三　でもまぁ、ショーの開始時刻がほとんどのブランドでせいぜい10分遅れ程度でスタートした点は評価すべきかな。最大で「ヒロココシノ」の20分押し。

ド　あ、ごめん。それ私のせいだ。

三　「ドン待ち」!?　そういえば最後に堂々と入って来ましたな。

北　でも、あのブランドはさすが大御所だけあって関係者の対応が素晴らしかったですね。開始時刻ギリギリに入り口で「あと1人取材者が来るんですけど……」って言ったらインカムで対応して席を1席空けておいてくれた。それって、相手がドンさんではなくても同じ対応をしてくれたということですよね。あれがスタンダードだと思います。

ド　JFW貸し切りのバスも要所要所で出ていたが、原宿クエストホールからラフォーレミュージアム六本木まで50分近くかかったぞ。

三　大型車が通れない地区でもあるのかな。ミッドタウン・ホールBが騒音自粛で今回から使えなくて2会場を持つ大型会場がなかったために、移動問題が大きく浮上した。次回（3月23～28日）も主会場は今回と全く同じなの、何か名案はないのかな。

ド　それで急いでギリギリに会場に到着して、受付で「招待状を拝見します」だろ？　カバンの中もぐちゃぐちゃだし、参っちゃうよな。

北　ＪＦＷ正式参加ブランドのショーで、ＪＦＷの正式プレスパスを首にぶら下げても郵送した招待状がないと入れないなんて、プレスパスの意味がないですよね。

ド　「ワイズ レッド レーベル」の受付で、若い女の子が「招待状がない方はお名刺を頂戴させていただくか、芳名帳に御記名ください」って言うの。「左とん平で〜す。書いといて♡」なんて返したら、「ヒダリって左右の左でよろしいでしょうか？」なんて足止め。冗談も通じなかった。俺もマダマダだな。

三　でも、確かに似てるな（笑）。ドンは初日のＪＦＷ主催のパーティでもギリギリの参加でしたね？

ド　そうなんだよ。ラジオ収録を終えて急いでリッツカールトンに向かい、パーティ会場の入り口で「リストに名前がありません」ときた。そのときばかりは「ドン小西です！　もう終わっちゃうから早く！」ってお願いしたけど、「お名刺を頂戴します。名刺はなくともドン小西様だとはわかるのですが、私の一存ではちょっと……」なんてラチがあかない。それで北條君を会場から呼んだんだ。誓って言うが、私はＶＩＰぶっているつもりはないんだ。ただ、この業界で志を同じくする者同志として、さびしいじゃん。

三　民主党の小沢一郎・党首（当時）じゃないけど、特にファッションの世界では官僚主義、マニュアル主義はいかんよ。デタラメは論外だが、自由で楽しいムードがなくなったらファッションなんてただのマネーゲームになっちゃうんだから。あのパーティ会場で初めて間宮淑夫・経済産業省製造産業局繊維課長ファッション政策室長に会ったが、フォーマル着て蝶ネクタイ締めてなかなか個性的だったな。

北　「ヒロココシノ」のショーでは「ルイ・ヴィトン」のモノグラム・トランクを提げていましたね。これからは「メルシーボークー、」や「ネ・ネット」のメンズでも着て出勤して欲しいです。

ド　とにかく三浦さん、今回の東コレではいろいろ学ばせてもらったよ。次号で思い切り吠えさせていただこう。

三　バッチリ目を通すので校正はお早めに。批判は結構ですが、あくまでも建設的にお願いしますよ。色々と目をつけられてるもんで。

NOTE

（前回から続く）偶然ドン小西が見ていた番組に登場していた私は、「ニーハイブーツ」が今年流行しますよと解説中だったらしい。「なんで、三浦が」とドン小西は思わず吹き出してしまったらしい。「似合わないこと夥しい。その役はおまえじゃなくてこのオレだろう」と確信したらしい。デザイナー企業の社長兼デザイナーがその後テレビコメンテイターへ華麗（？）な転身をしたのはご存知の通り。

21

Sep. 22 2008

リーマン・ショックとH&M開店

三浦彰・WWDジャパン編集委員（以下、三）　いやぁ、米国第4位の証券会社リーマン・ブラザーズが連邦破産法第11条を申請、第5位のベアー・スターンズに続く破綻で、第3位のメリル・リンチもバンク・オブ・アメリカ傘下入りということで、世界金融大不況入り。予想された最悪の事態を歩んでいるな。日経ダウも1万円割れ懸念も出ている。

松下久美・弊紙デスク（以下、松）　とんでもないことになっていますね。静観するしかないのでしょうかね。

三　日本では１９９７年の三洋証券、北海道拓殖銀行、山一証券、翌年の長銀、日債銀の倒産がクライマックス。不安心理を煽るわけではないが、その時のショックよりも小さいということはないと思うな。ゴールドマン・サックスを始めとした米国大手証券会社は、日本からは撤退、もしくはどんどん縮小だね。すでに、リート（不動産投資信託）部門からは、みんな手を引いているのが現状。ファッション業界からも早速投資を引き上げるなんて事態になって、右往左往する企業も出てくるだろうな。しかし、だからこそ、「H&M」（ヘネス&マウリッツ）日本上陸のニュースが一段とクローズアップされるね。

松　一連のオープニングを取材しましたが、オープン当日の13日土曜日の11時開店に合わせて、徹夜組も登場しましたよ。行列は５０００人に及びました（9月22日号P.8&9）。

三　日本のショップオープンの1日の売上高のレコードは２００２年の「ルイ・ヴィトン」表参道店の1億円だと認識しているが、さすがに単価が低いからそこまではいかないと思うがな。

松　1万人入って、客単価1万円で1億円ですね。レディスフロアのレジ係の女の子にこっそり聞いたんですが、一番人数が多いのは1万５０００～2万円ぐらい買い上げるお客さんとのこと。しかも、終日行列は途切れず、通常閉店時間の21時の時点でも２００人近く並んでいたし、23時まで営業したということもあるので、かなりイイ線までいったのでは？

三　年商はどれくらいになるかな？初日の１００倍というのが業界の目安だけど。６０００万円として60億円というところかな。ユニクロの銀座店の年商はどれぐらいなの？

松　25億～30億円ぐらいだと思います。収益性も高い店舗のようです。「H&M」は1店舗当たりの年商は単純平均で10億円を突破していますし、ニューヨーク5番街の店舗の年商は100億円と言われています。銀座店は小型ながらも50億円は下回らないでしょう。

三　初年度はそれぐらいかな。トップショップのロンドン旗艦店の年商が263億円（約2530坪）と言われているし、こういうブランドは、勢いがつくと止まらないからね。

松　色々な方に「H&M」の今後の予想をしてもらいましたが、「都心では売れるだろうけど、郊外では難しいだろう」というのが大方の予想でした。

三　「H&M」はどこまで広告なのかはわからないが、パブリシティ（記事）も含め、かなり派手にやっている印象だった。11日のプレスプレビューでは、こちらが恥ずかしくなるぐらい、マスコミ関係者が買いまくっていたな。ある一般紙の記者は写真を撮ろうとしたら拒否。当日は定価の25%引きだったから、報道の公正が妨げられるということだったのだろうかな。

松　H編集部とかN編集部とかもすごい買い方でしたね。

三　さっきも銀座店に寄ったら、オープン5日目の16時にして90分待ちの大行列だったぞ。20代の女性が8割で、ファッションセンスはBクラス以上。学生風はほとんどいないし、何をやってる女の子なんだろうか？　行列民族なのはわかっていたが、日本人というものに自信が持てなくなったよ。そう言えば、9月21日（日曜日）に「ザラ」の銀座2号店になるマロニエ通り店がオープンしたんだって？

松　私も最近まで知りませんでした。つい先日、「ファストファッション特集」（8月25日号）用に7丁目の銀座店1号店を撮影したときにちらりと聞いたのですが、全然話題になりませんでしたね。ちなみに13日以降、「H&M」に入れなかった人が、並びにある「ザラ」1号店にワンサカ流れて、店内はバーゲン会場状態。完全に漁夫の利です。

三　陽の「H&M」、陰の「ザラ」って言うけれども、全くその通りだな。漁夫の利と言えば、「H&M」のプレビューで興奮状態に陥った女性編集者が、メンズフロアのフィッティングルームで下着姿になっているのを目撃したよ。

松　ジロジロ見てたんですか？

三　お祭り騒ぎなんだから、ま、いいじゃない！

NOTE

さあいよいよリーマン・ショックが俎上に載った週である。97年の日本における三洋証券、北海道拓殖銀行、山一証券、98年の長銀、日債銀の倒産と比較して語られている。歴史は繰り返されるということだろうか。そして、リーマン証券倒産（9月15日）の2日前に日本発上陸した「H&M」のオープン前日、オープン日の猛威ぶりもレポートされている。しかし、いつ考えてもこの2日前というのは偶然とは思えない。

22

Sep. 29 2008

「グッチ」「セリーヌ」の人事異動を読む

大江由佳梨・WWDジャパン記者（以下、大）　グッチ社のマーク・リーCEOの突然の辞任表明（9月22日号P.3）には、ビックリしましたね？

三浦彰・弊紙編集委員（以下、三）　グッチ・グループでは、かなり前から噂されていたようで、動揺はなかったようだな。4年やってトム・フォード&デ・ソーレ体制からフリーダ・ジャンニーニを中心にした体制へシフトを完了、自分の役割は終わったと考えたんだろう。45歳か46歳なのでニューヨークに戻って、もう一度ゼロからデカイ仕事をやろうと思えばやれる年齢だ。

大　9月24日の「グッチ」のミラノコレでは、グッチジャパンの岩瀬雅樹・CEOが11月に退任することが明らかになりました。

三　岩瀬さんはグッチグループに8年在籍。「サンローラン」から「グッチ」に移ったときも、マークが後押ししていたのではないか。近しい関係だが、まさか、マークに殉じたというわけでもないだろうが、「グッチ」に激震が走っているな。

大　マークの後任パトリツィオ・ディ・マルコについては？

三　セリーヌUSAから移って「ボッテガ・ヴェネタ」を成功させた論功行賞ではないのかな？　たしかにディ・マルコの力もないわけではないが、これは何と言っても、デザイナーのトーマス・マイヤーによるところが大半だけれどもな。

大　彼はセリーヌUSAのトップだったのですが、2001年4月にボッテガ入り。01年の年商3500万ユーロ（約52億1500万円）から、07年には10倍超えの3億6600万ユーロ（約545億3400万円）にまで伸ばしています。卸中心のビジネスから直営小売りへ切り替えた戦略が功を奏したためで、今では小売りの占める割合は85％になっています。なかなかの実力者に思えますが。ディ・マルコにはお会いになったことはありますか？

三　IPIジャパン（プラダ・ジャパンの前身）のCEOとして日本にいたことがあり、パーティなんかで会ったかな。交換留学生として日本に来ていたこともあるから、日本語が達者だったな。ボッテガ・ヴェネタジャパンの田村直裕・社長とは、日本語でやり取りしているんじゃないか。

大　もうひとつ最近のビッグニュースで、「セリーヌ」のチーフデザイナーが「クロエ」元デザイナーのフィービー・

フィロに代わりました（9月8日号）。3月あたりから噂は出ていました。

三　やっと決まったということだな。

大　「セリーヌ」は98～99年秋冬シーズンからマイケル・コース、2005年春夏からロベルト・メニケッティ、2006年春夏からイヴァナ・オマジック、そして09～10年秋冬からフィービー・フィロが担当するということですね。

三　コースがローレンス・ストロール&サイラス・チャウに資金を出してもらって「俺もビッグデザイナーを目指す」なんて色気を出したもんだから、それ以後の混乱になったんだな。メニケッティの「セリーヌ」は、はっきり言って悪評だったし、オマジックの「セリーヌ」は、可もなし不可もなし。

大　ブレークした頃の「クロエ」スタイルを作り上げたのは、カール・ラガーフェルドの後任ステラ・マッカートニーというよりは、その次のフィービーの功績が大きかったですね。妊娠・出産のために退社し、「ギャップ」で仕事をしていたようですが、ビッグブランドに復帰で注目を集めるのは必至です。ついでにトップもセルジュ・ブランシュウィッグからマルコ・ゴベッティに代わりました。

三　モスキーノの心友だったゴベッティがLVMHの「ジバンシィ」に転身して、リカルド・ティッシをデザイナーに抜擢し転換を図ったのが評価されたようだな。ロバート・デ・ニーロに似ていて、業界では知らぬ者のない凄腕、ここで成功すると「仕事師」として、LVMHで大幹部になるなんてこともありかな。

大　一連の人事異動に伴ったわけではないでしょうが、セリーヌ・ジャパンカンパニーのノエル・コラン浅野CEOも9月16日付で退社し、ゲラン㈱の社長へグループ間異動しました。浅野氏の後任はパリ本社のジャンジャック・ゲヴェル＝セールスヴァイスプレジデントが兼務します。

三　今回の人事異動を見る限りでは、「セリーヌ」を大きく変えようとしているのが明らかで、期待してよさそうだね。兼務ではなく日本ビジネスをきちんと見れる人物が今後選ばれればの条件付きだが。

NOTE

「グッチ」と「セリーヌ」の人事異動。ビッグブランドの人事異動が多くなっている。一般的に言って、好調時に人事異動する企業は少ない。必要がないし、やって成功したケースはほとんどない。業績が悪くなっているから人心一新を試みるわけだ。スター経営者のマーク・リーの「グッチ」退任、「セリーヌ」では仕事師のマルコ・ゴベッティのCEO就任、そしてスターデザイナーのフィービー・ファイロ（フィロ改め）が加わった。変貌が楽しみだ。

23

Oct. 6 2008

H&Mシンドローム

三浦彰・WWDジャパン編集委員（以下、三）　いやぁ、H&M銀座店はエライことになってるな。オープンから18日目の本日（9月30日）は、朝から雨が降っているっていうのに、またまた行列で1時間待ちだそうだよ。

松下久美・弊紙デスク（以下、松）　日本人の新しモノ好きには、さすがにアキレちゃいますね。でも、連日これだけ行列していますし、おおよそファッションには興味がなさそうな人々まで話題にもしていますし、この現象には全世界も注目してるんじゃないですか？　ファッション関連のオープンでは堂々の日本記録ですよね。ガードが固くて数字が開示されないんですけど、とりあえず、入場者数は初日が8300人、13～15日までの3連休はもちろんのこと、平日になっても最初の一週間は8000人平均が続きました。

三　私が得ている情報では初日が9000万円というところかな。客単価1万円から1万8000円と聞いているから、そんな感じではないかな。4フロアでレジは計20台というので、それが限界ではないか。でも、簡単に言って1日5000万円とすると300日稼働で年商150億円か。まさか!?

松　11月8日には銀座の1・5倍の広さの原宿店（1500㎡）がオープンしますから、そんなことはないと思いますが。実は、銀座店はH&Mが売場面積1000㎡（約300坪）と公表しているのに対して、デベロッパーの三井不動産は店舗面積426坪と公表しています。気になる家賃は月坪10万円前後で固定制だと小耳に挟みました。10万円って高いと思ったのですが、年間家賃は5億円余り。採算分岐点は、家賃比率20%として年商25億円。この調子なら50億円以上の利益をタタキ出すことになりますね。

三　原宿店のオープン時には世界先行販売ということで「コムデギャルソン」コラボも登場するから、フィーバー度合いは銀座に輪をかけたものになるね。2店合わせて、初年度200億～300億円!?　こりゃ、とんでもないことになりそうだね。それにしても、今回はファストファッション人気というよりは、「H&M」ブランド人気なんだね。この行列に並んでいる人たちは、ラグジュアリー・ブランドでも気にいったものがあれば、財布の紐はユルくなってしまうタイプなんだろうね。ラグジュアリーとファストファッションに全く垣根が感じられない。二極化なんていう言葉が全く無意味という感じだな。「消費者の成熟」と説明すれば良いのだろうが、それもどうかな。本当に成熟した消費者が1時間並んで5000円のスカートを買うものだろうか。私には極めて日本的な現象に見えるけどね。

松　同感です。あまり知られていないようなのですが、銀座店でも「ギャルソン」とのコラボ商品は販売されるんですよ。11月8日には、原宿店に行くよりも、銀座店に行った方がお目当ての商品をゲットしやすいかも!?　それにしても銀座の人出がグンと増えていますね。近隣の宝飾店では「客層が変わってしまった……」と嘆く人もいますが、「ザラ」「ユニクロ」、そして9月23日に服飾雑貨売り場や食品売り場を中心に改装し、「MUJI」の大型店も導入した松坂屋などは潤っているようです。

三　「ザラ」といえば、銀座2号店となるマロニエ通り店は21日にオープンしたんだよね。親会社のインディテックスグループの世界4000号店だと連絡が来たんだって？

松　資料を見て驚いたんですが、インディテックスが2000号店を開いたのはなんと2004年だったんです。「プル&ベア」「マッシモ・ドゥッティ」「ベルシュカ」「ザラ・ホーム」、買収した「ストラディバリウス」など8業態を展開しているので、99%単独ブランドというH&Mとはかなり状況が違うのですが、それにしても、わずか4年で2000店舗も店を増やすなんて驚異です。景気後退とか、不動産価格の低迷なんて言われていますが、条件のいい物件を探しやすくなるというメリットもあります。資金力のあるH&Mやザラが猛威をふるいそうです。

三　今年のファッション業界最大のニュースは、もうH&Mで決まりだな。

松　あ、10月2日には、マガジンハウスの「ギンザ」が閉店後のH&M銀座店での買い物（21時半〜）に50組100人を招待してましたね。

三　そうそう、2週間前に林良二・編集長に会ったときに「人気が2日まで持ってくれれば」なんて弱気なこと言ってたけど、いい企画だったな。ウチでもやればよかったな。

松　そういうことは、早く言ってくださいよ！

NOTE

H&Mシンドロームと題されている。「現象」「ブーム」などの言葉をくっつけるとそれがウケに入ったことを表現するものだが、「シンドローム」は最大級の形容だろう。「ギョーレツ」は「オタク」「カワイイ」と並んで、すでに全世界でも通じる日本語になった観がある。それを逆手にとって、アルバイトに行列させる新手のビジネスもあるという。嘆かわしいことである。

24

Oct. 13 2008

「ヴァレンティノ」デザイナー交代

大江由佳梨・WWDジャパン記者（以下、大）　10月4日付で「ヴァレンティノ」のクリエイティブ・ディレクターのアレッサンドラ・ファッキネッティが辞任しました（10月13日号P.3）。後任はアクセサリー部門で10年にわたり創業デザイナーのヴァレンティノ・ガラヴァーニと仕事をしていたマリア・グラツィア・キウリとピエール・パオロ・ピッチョーリの男女2人組です。

三浦彰・弊紙編集委員（以下、三）　ああ、知ってる知ってる。フェンディから移籍した当初に、「ヴァレンティノ」の展示会で、バゲットバッグ風なのがあって、「これはフエンディみたいですね？」って尋ねたら、「そうなのよ。フェンディからすごいのをスカウトしたんだ」って嬉しそうに日本の経営陣が話していたけど、当時は名前は出していなかった。だけど、オートクチュールも担当するのか？

大　そのようですよ。このメゾンはアトリエがしっかりしてるから、なんとかなりそうにも思えますが。それにしても、ファッキネッティの辞任は早かったですね。プレタが2シーズンでオートクチュールが1シーズンですよ。彼女は「グッチ」でもプレタ2シーズンで退任していました。「ヴァレンティノ」就任当時から、編集部員の大半が半分冗談でファッキネッティの1年退任説を唱えていましたが、本当にそうなってしまいました。

三　オートクチュールを見て、個人的にはダメだなと思った。新感覚でイイなんて評価する人もいたが、「ヴァレンティノ」のパリ・オートクチュールでの存在意義というのがまるで理解できていないと思ったよ。しかし、今回のデザイナー交代でひょっとすると我がメゾンはクチュールやめますなんて事態にはならないのかね。パリ・クチュールのイタリア勢ではアルマーニ御大が「プリヴェ」で頑張っているわけだが、「ヴァレンティノ」にも、続けて欲しいな。ヴァレンティノ御大のカムバックというのもニュース的には面白いけど、まあちょっと無理な話だな。

大　ファッキネッティは、「グッチ」の時も、アクセサリー・デザイナーのフリーダ・ジャンニーニに取って代わられたわけですが、結果的に今回も同じパターンになっていますね。

三　ラグジュアリー・ブランドにとっては、なんと言ってもハンドバッグがメシの種だからな。そういう動きもわからないではないけどね。ファッキネッティは、イタリアを代表するロック・バンド「イ・プー」のキーボードをやってるロビー・ファッキネッティ（１９４６年生まれ）の娘だろう。お嬢様のワガママが爆発したなんてこともあるかもな。

大　ビートルズのポール・マッカートニーの娘のステラ・マッカートニーみたいなものですね。彼女もエコ派でレザー使いのアイテムは絶対に作らないというポリシーがあります。いずれにしても偉大なミュージシャンの娘と仕事をするのは大変そうですね。

三　日本では、「ソーイ」をやってる伊藤壮一郎君がＹＭＯの高橋幸宏の甥だけれどもね。壮一郎君のお母さんはＰＲ会社ＷＡＧの伊藤美恵・社長。その弟が高橋幸宏というわけだな。壮一郎君はオジさんの音楽をショーでよく使っているし、かつてはショーでオジさんの新譜紹介をしていたこともある。

大　それにしても、「ヴァレンティノ」は昨年からニュースが多いですね。経営をめぐる主導権争い、創業デザイナーの引退。そして今回のデザイナー交代劇。日本法人では、昨年９月に松見充康・新社長が就任、今年に入り三井物産の資本が抜けて、本国１００％出資になりました。

三　良いニュースばかりではないね。

今、１５００号（11月10日号）記念のために、80年代の弊紙を振り返っているけど、80年代の「バルマン」「ランバン」「ギ・ラロッシュ」といったクチュールメゾンのオーナー・デザイナー交代劇が何度も何度も記事になっている。結局いずれもクチュールをやめることになっている。経営陣が落ち着かないとクチュールメゾンは意外にモロいな。ヴァレンティノ ファッショングループのステファノ・サッシＣＥＯのカジ取りに期待というところだな。

大　最近では、「ニナ・リッチ」「ウンガロ」「ヴェルサーチ」「サンローラン」がやはりクチュールをやめていますね。寂しい限りですが。

三　「シャネル」と「ディオール」の二枚看板は別格として、ラグジュアリー・ブランドはやはり名をとるよりもメシの種のハンドバッグに力を注ぐということなんだろうなあ。それにしても先週の「グッチ」の本国と日本のトップの交代とイタリアブランドに大きな動きが続いているな。まだ何か出てきそうな予感がするが。

NOTE

70歳を超えてもカリスマ創業デザイナーとして現在活躍中と言えば、ラルフ・ローレンとアルマーニ。ヴァレンティノ・カラヴァーニも三羽ガラスの一角だったが一足先に引退し、その後のデザイナー選びは難航した。70歳を超えるカリスマデザイナーと言えば、もうひとり「シャネル」と「フェンディ」（レディス）を手掛けるカール・ラガーフェルド大帝がいる。このカリスマたちの動向は今後も注目である。

25

Oct. 20 2008

謎めくマルジェラ辞任騒動

三浦彰・WWDジャパン編集委員（以下、三）　巷ではこの連載を「噂の真相」なんて間違って呼んでいる人がいるけれども、正しくは「ニュースの真相・深層・心想」。発表されたニュースをベースにしてその意味を考えるというのが本来の趣旨。しかし、今回は初めて（?）「噂」を取り上げてみよう。9月29日に行なわれた「メゾンマルタンマルジェラ」20周年のパリコレの前後にでたマルタン辞任の噂のことだけれどもね。その真偽はどうなのかな。

奥恵美子・ファッションジャーナリスト（弊紙連載「奥恵美子の雑誌ナナメ読み」を毎月第1週に執筆。以下、奥）「ニューヨーク・タイムズ（以下NYタイムズ）」のエリック・ウィルソン記者と「インターナショナル・ヘラルド・トリビューン（以下IHT）」の名物記者のスージー・メンケスのふたりが「パリではビッグな噂でもちきりだ」と書いた記事が発端ですね。NYタイムズでは今年初めにマルタン本人が親しい人物に「デザイン活動をやめたいので、後任を探している」と話し、その候補として、ラフ・シモンズのところに話に行ったと書いています。IHTではすでにふたりのデザイナーが、「マルタン マルジェラ」が属するオンリー・ザ・ブレイヴ・グループ（中心ブランドは「ディーゼル」）のレンツォ・ロッソ代表から「マルジェラ」の件についてオファーを受けていると認めており、レンツォに尋ねたら「最近は彼の強力なチームがほとんどコレクションを作っていて、マルタンは特別なプロジェクトにのみ関わっている」と答えたとあります。ですが、その文章の後には、彼に近い人物が、レンツォのコメントはアントワープでの展覧会の準備時期でのことを指していて、コレクションの細かな部分にまでマルジェラ本人が関わっていると言っていると続いています。10月2日付の記事で、そのコメントの真意についてレンツォにウィルソンが確認に行ったら「我々はヘッドハンターとともに、このチームを完璧なものにするためにデザイナーを探している。将来的にその可能性がないとは言わないが、マルタンのいないチームを想像するのは難しい。私は彼を愛している」とレンツォが答えたと書いていますね。

三　エリック・ウィルソンというのはかつてWWD　NYにいた記者だね。WWD　NYではレンツォの否定コメントが小さく出ていただけで、まだ様子見しているところだな。ラフ・シモンズは結果として、先日オンワードホールディングスが買収したジルサンダー社との契約を更新（三年契約）したため、とりあえずその線はなくなったとNYタイムズは書いているね。

奥　でも、マルタンは過半数株式をレンツォに持たれているわけだから、万が一辞めてしまったら、少なくとも「マルタン マルジェラ」商標は使えない!? 51歳のマルタンは何をするつもりなんですかね。ヘルムート・ラングみたいにアーティストになるのかな？

三　NYタイムズに、「インヴィジブル・マン」（見えざる男）のタイトルの下にマルタンが1997年に撮られた写真が載ってるけど、これ本人かな？　インタビューも絶対受けないし、写真もごくわずかしかなくて、ウェブのオークションに「マルタンの顔写真買います」なんて出てるよね（笑）。でも、よく考えてみると、昨年11月に「マルジェラ」に長年勤めたPR担当のパトリック・スカロンが、退社してドリス・ヴァン・ノッテンの所へ移ったけれど、これも、今にして思えば今回の騒動につながっているのかな。

奥　そう言えば、昨年オープンした原宿のジャイル表参道（旧エスキス）の2階にデーンとマルタンの店がオープンして何故？　と思いましたね。「シャネル」「ブルガリ」が1階のメインテナントみたいなラグジュアリー・ビルに「マルジェラ」が入るなんて通常まずあり得ない。マルタンもレンツォのグループに入って変わったもんだと思ったわね。

三　そう言えば、「エルメス」をやめたマルタンにレンツォは目を付けたんだったな。デザイン部門を統括していたクロード・ブルエの引退の後をうけてマルタンがエルメス入りした1997年あたりを思い出すと、有力候補のひとりに山本耀司を考えていると当時、ジャン・ルイ・デュマ・エルメス＝名誉会長から聞いたことがあった。かなり耀司に色気がある感じだったな。

奥　そう言えば、「エルメス」は耀司とコラボしていて08～09年秋冬の「エルメス」のショーにコラボバッグが登場していましたね。まさか、もう一度ラブコール？

三　「コムデギャルソン」と「ヴィトン」のコラボよりも意味深かもよ。耀司にはビッグメゾンのチーフデザイナーをやらせたかったけどね。

NOTE

2009年の12月21日号でマルタン・マルジェラは正式にマルジェラ社を去るのだが、ここではまだ「騒動」「噂」で済んでいる。自分の名前が付いたブランドを、そのデザイナーが去るというのは、90年代のファッション業界の一大トレンドだったが、真打ち登場と言えるかもしれない。現在のファッション界で「顔」を知られていない最も謎めいた革新的デザイナーをめぐるオシャベリである。

26

Oct. 27 2008

ウズベキスタンと三浦元社長

得田由美子・WWDジャパン特集担当ディレクター（以下、得）　ウズベキスタン出張で、ちょっと痩せたんじゃないですか？

三浦彰・弊紙編集委員（以下、三）　いつもより酒を飲まなかったかな。あちらの政府関係者からこの国は回教国なのでアルコール類は自費でお願いしますと言われて（笑）。昨年招待されたデザイナーの岩谷（俊和）君が高級シャンパンを空けまくったのが未だに語り草になってたよ。誰が払ったんだ!?

得　ウズベキスタン出張の目的は？

三　ファッション・ウィークの取材だよ。その名も〝スタイル・ウズ〟。世界からデザイナーとジャーナリストを招待し、ファッションとアートを融合させたランウェイショーとイベントが行なわれた。その詳細は今後レポートするが、「ショパール」の新作紹介のショー&パーティがあったり、富裕層ビジネスも着実に増えている。

得　出発前、ウズベキスタンのフセイン・チャラヤンを見つけに行く！　と意気込んでいましたが？

三　それがいたんだよ。「グリ」のデザイナーのグリナラ・カリモワ。同国のイスラム・カリモフ大統領の長女で、しかもチョー美人！　いずれパリコレに登場する大物だから注目していた方がいいよ。彼女はファッションセレブでもあり大抵のパーティに顔を出すんだが、10月13日のパーティで彼女のテーブルの寿司をパクリと食べたら、「3人のSPを潜り抜けて大統領令嬢のテーブルの寿司を食べた日本人らしき怪人は一体誰なんだ」と大騒動。

得　相変わらずですね。

三　でも、モデルに関してはサーシャ（トップモデルのひとり）クラスがゴロゴロいて、モデルエージェンシーをやったら一儲けできるんじゃないかと思ったよ。

得　中央アジアは、トルコ、ロシア、モンゴル、中東と隣接するメルティング・スポットなので、ビューティフルなモデル予備軍の宝庫なのでしょうね。

三　ウズベキスタンの主要輸出品の綿花や天然ガスの輸出価格が高騰し、潤いつつある。さらに、綿花の原料輸出ではなく、繊維やアパレルとして輸出をしたいという国策もあって、ファッション産業を盛り上げようと必死だ。今後、中央アジアはBRICs、ネクスト11に次ぐ新興市場として注目かもしれない。先日来日していたルチアーノ・ベネトン＝ベネトン会長が、次に注目する成長市場はどこかと尋ねられて、「イラン」と答えたという。最近は経営危機に陥ったアリタリア航空に出資したりして不況にも強い経営者としてクローズアップされている彼が言うのだから本当だろうね。

得　核とテロの話題ばかりなので、想定外でしたが、イラン北部は、中央アジア圏に属するという広義の定義もありますしね。

三　日米欧の消費低迷が言われ、企業の倒産のニュースが連日報道されているが、一方でこの不況こそチャンスだという、ポジティブな経営者もいる（10月20日号P.19）。先日ユナイテッドアローズの岩城哲哉・社長にインタビューをしたら、「不況下でも売り上げはまずまずで、そんなに悲観していない」と答えていた。しかし、株価が下がって、自分が保有している自社株の時価総額はピークの数十分の1になってしまった、と嘆いていたけどね。

得　不景気の方が、経営者の才覚の差が出るわけですから、腕の見せどころではないのですか。

三　そう言えば出張中の10月10日に三浦和義・元社長がロスの留置場で自殺したね。第2次オイルショックに日本中が喘いでいた70年代後半に、輸入雑貨販売の「フルハムロード」を伊勢丹新宿店の1階にオープンし、坪効率ナンバーワンになって、大きな注目を集めていたのが三浦元社長。すごい先見の明だったな。亡くなってホッとしている人達も沢山いるんだろうな。

得　最後にかぶっていたキャップにメッセージが込められていたんじゃないかと大きく報道されていましたね。むしろ、キャップの話題のほうが大きかったところが、ファッション業界人としての最期の自負にも思えますが。そう言えば、湘南平塚に「フルハムロード ヨシエ アゲイン」という店があって、オーナーは妻の三浦良枝さんなんですよ。なんと今年8月10日には、三浦元社長が今回逮捕されたサイパンに2号店をオープンしているんですよ。

三　すさまじい商魂だな。

（ホームページを見ながら）

しかし、この「ミラクル・ジーンズ」というのは売れそうだな。そのメッセージ入りのキャップも店頭に並ぶんだろう。女というのは恐ろしい生き物だなあ。

得　今頃気がついたんですか。

NOTE

ウズベキスタンの首都タシケントで行なわれた第1回スタイル・ウズ（ファッション・ウィーク）を取材した私と得田女史の対談。ウズベキスタンを馬鹿にしてはいけない。その後も大統領の長女であるグリナラ・カリモワが「ラクロワ」の買収に名乗りを上げたり（結果は不成立）、話題を提供してくれた。滞在中に自殺してしまった三浦和義・元社長も俎上に野。亡くなってホッとしている業界人も沢山いるはずだ。

27

Nov. 3 2008

株大暴落と注目のD対決

得田由美子・WWDジャパン特集担当ディレクター（以下、得） 私、株は持っていませんが、やはり株の暴落は気になって、毎朝株式欄に目を通すのですが、最近はほとんど下落、一面真っ黒で恐くなっちゃいますね。元証券マンとしてはいかがですか？

三浦彰・弊紙編集委員（以下、三） 幸いにして、現在株はほとんど持っていないが、それにしてもすさまじい下げだな。大きく下げて小さく戻しの繰り返し。日経ダウ平均で26年ぶりの安値をつけて、バブルのスタート時点の6000円台もあり得るなんて見方もある。26年前に私はN証券から弊社に転職したんだが、その時の日経ダウは7000円前後だったなあ。その後7年間で3万8915円（89年12月29日）まで一気に5倍にバブったわけだな。

得 相場観サイテーですね。

三 ………。

得 ファッションを語ってる場合じゃないのかもしれませんが、10月22日の「ドレス33」（以下、D33）と10月27日の「ドレスキャンプ」（以下、DC）対決は注目でしたね。ドレスキャンプのデザイナーを辞めた岩谷俊和氏が新たに始めたD33とその後任になったマラヤン・ペジョスキーのデビューショー。

三 本人たちに対決の気があるのかどうかわからないけど、たしかに周りから見ると、「対決」って感じだよね。

得 まず場所は、D33が両国国技館、DCが銀座すずらん通りの第1西方ビル。このビル、宝石チェーンの「じゅわい・よくちゅーるマキ」で有名な銀座ジュエリーマキが入居していたんですが、5年前に閉店したままだったのを今回のショーのためにオープンさせたといういわく付きの場所です。

三 江戸川乱歩風の怪奇の館って感じでエロス&ファンタジー満載のショーの内容にぴったりだったな。

得 演出はD33がオーソドックスにSUNプロデュース（籠谷友近）、DCの方は2006年にSUNプロデュースを退社したNPUの浅野則之・代表。なんかこちらも因縁の対決みたいですよね。

三 岩谷君は、いつもの奔放さがなくてかなり慎重で気配りの行き届いた、ちょっとおとなしいコレクション。しかし、素材も縫製も2ランクぐらいグレードアップしていて感心したな。

得　コルゲンコーワバンテリンでおなじみの大衆薬大手の興和がスポンサーについているのですね。そのためですか、ゴージャスなコレクションになったのは？

三　コルゲンコーワの元々の母体は興和紡績（大証上場）。繊維のいろいろなネットワークを持っていることも大きいのではないかな。ちょっとランウェイが長過ぎて、これでもかこれでもかとアイテムを繰り出す岩谷流ではなくて、じっくり洋服を見て下さいというショー。ほう、岩谷君、なかなかテクニックもあるじゃないかという感じ。売りも意識したかな。インポートプレタのゾーンへの進出も考えているみたいだけど、思惑通りいくかな。少なくとも東コレのククリには入りたくないのだな。

得　最後に出た、リザードのビッグブローチを対につけたドレスは実に豪華でしたが、ブローチの値段は、ウン百万でしょうね。レンタルでしょうか？　ＤＣの方は、マケドニア出身のマラヤン・ペジョスキーを連れて来ましたね？

三　悪くない選択だと思う。しかもお目付け役に「ビューティビースト」の山下隆生君を付けているのがミソ。ジェリコーの「メデュース号の筏」がイメージとして掲げてあったけど、マーメイド、港町の娼婦、水夫などなど幻想的とすら言えるエロティック＆ホモセクシュアルなファンタジーの連続、ドルガバ、Ｄ＆Ｇ風なのには目をつぶるとして（ま、Ｄ33のパイソンなどのエキゾチックレザーの多用はプラダ風と言えないこともないけどね）、ちょっと時間が足りなかったのか、粗っぽくて下品な感じになったところもあったけど、これはこぢんまりまとまった日本のデザイナーにはできないショーだな。ＤＣのショーというよりも、「マラヤン・ペジョスキー」のショーという印象。来年のビッグトレンドの「マリン」はマラヤンの必殺技だからこれもラッキーだったかな。たとえばボーン・アレキサンダーみたいに東コレにはヨーロッパのデザイナーが定着して来なかったけれども、続けて欲しいもんだね。ただし、商売的にはどうだろうかな。展示会見てないけどちゃんと売り物も揃えてあるんだろうか。両ブランドの来場者の違いも面白かった。ＤＣの方はファッションマニアというかヴィクテムというか面白い連中が多かったな。いずれにしても話題の少ない東コレにあって、この因縁対決はなかなか見ごたえがあったな。

NOTE

日本株の暴落が話題。日経平均6,000円もあり得るという見方も紹介されているが、結局はここが底でその後は7,000円から50%上げて1万円台を回復している。こういう大不況下でも儲かるチャンスは転がっているという格好の例である。このあたりに人間の心理の弱さがよく表れている。総弱気になった時は「カイ」というのは、どんな時代でも変わらぬ真実であるのを今になって知る。「人の行く裏に道あり花の山」という相場格言は不変である。

28

Nov. 10 2008

心に残るインタビュー

得田由美子・WWDジャパン特集担当ディレクター（以下、得）　今号で１５００号を迎えたＷＷＤジャパンですが、弊社への入社はいつですか？

三浦彰・弊紙編集委員（以下、三）　１９８２年、まさにバブルの夜明けで日本のファッションビジネスの黎明期だった。

得　その間、多くのファッション業界人をインタビューしてきたと思います。三浦さんの攻撃的なインタビューに泣かされた方、怒った方も多いと思いますが？

三　怒られたインタビューを挙げれば、枚挙にいとまがないが……。２０００年の「シャネル」メガショーのために来日した時のカール・ラガーフェルドかな。

得　物静かで、ポーカーフェイスの知識人、カール様がどうして？

三　彼が、バスク地方のビアリッツに別荘を建てるという話になって、その設計が安藤忠雄だと言ったので、以前弊社は安藤忠雄建築のビルに入居していて、働きづらかったから、それはやめておいた方がいいと、アドバイスしたんだ。すると怒り出してね……。

得　完璧主義者のカール様にケチをつけちゃ、怒るのも当然でしょうね。

三　ファッション界三大インタビュアー泣かせのデザイナーは、完璧な英語がしゃべれて共産主義に理解がないとインタビューさせてもらえないミウッチャ・プラダ、アレキサンダー・マックイーン、川久保玲だろうな。

得　川久保さんのインタビューをされたことは何回かありましたよね。

三　05年8月22日号の「コムデギャルソン」特集の時２時間ロングインタビューをしたが、とにかくリップサービス一切無し、余計なこともほとんど言わない。〝強さ〟というフレーズが頻出。孤高のデザイナーということを感じさせられたな。

得　その他のデザイナーで印象に残っている方は？

三　ジャンポール・ゴルチエかな。とにかくノリが良くて、美人の伯母さんのブラジャーのヒモの話がいまだに頭にこびりついているよ。

得　経営者では、どんな方を怒らせちゃいましたか？

三　ゼニア社のエルメネジルド・ゼニア＝社長かな。「プラダ」が撤退した跡地に出店して、大丈夫なのか？　と聞いたところ、急に怒り出しちゃったなぁ。同じような質問を、銀座に出店した「プラダ」のパトリッツィオ・ベルテッリ＝最高経営責任者に、「セフォラ」が1年も経たずして退店した場所だが、大丈夫か?と尋ねたら、彼は〝いいかい君、歴史は死者の上に作られていくものなんだ〟と名言で切り返したのが印象的だったな。

得　イタリアといえば、「グッチ」のトム・フォードも怒らせちゃいましたよね。2001年度の第45回FEC賞を受賞したトム・フォードと柳井正・ファーストリテイリング会長兼社長のツーショットを表紙にして「DOUBLE EDGE」とタイトルをつけたら、猛抗議を受けましたよね。

三　受賞者同士なんだし、そんなに怒らなくてもと思ったんだけどね。

得　そんなこと言ったら、またクレームが来るんじゃないですか!?　でも、当時は、「ユニクロ」のようなファストファッションは異端児扱いだったから、ラグジュアリーと一緒にするな、ということだったんでしょう。10年も経たない今では、ファストファッションがメインストリームになりつつありますもんね。時代の変遷は本当に早い。

三　めったにインタビューに出ない人を表に出すのも、インタビュアー冥利に尽きるな。最近では、EVISジーンズの山根英彦・社長（8月4日号）、当時キャンキャン編集長だった大西豊・現小学館チーフプロデューサー（07年7月29日号）などかな。インタビューしてみると、本音でモノを言う人たちで、それだけに実に味があって楽しい時間だったな。

得　そのような方のインタビューをとる秘訣は何ですか？

三　とにかく、しつこく申し込むこと。

得　なるほど。こいつからは逃れられないと思わせるんですね……。インタビューで、スクープなどの引き出し方の秘技ってありますか？

三　まだ知られていないようなシークレットな情報をカウンターパンチとして投げかけてみる。すると、こいつ相手には「流し」のインタビューはできないな、と姿勢を変えてくる。なにか土産（スクープや重要な情報）を話さない限りは帰らないだろうと思うんだろう。

得　巨体からタダならぬ空気を漂わせ、あえて空気を読まない取材姿勢で行くんですね。

三　君なら「地」でいける。

NOTE

WWDジャパンの1500号記念での得田女史との会話。今までに心に残ったインタビューがテーマ。本欄には登場していないが、「WWDジャパン」「Mジャパン」の編集長を兼務していた頃、「Mジャパン」の企画でオウム真理教の麻原彰晃・教祖をインタビューしたことがある。番外だがある意味最も危険なインタビューだった。「坂本弁護士一家はどこだ」というポスターがあたり一面に刷られた富士宮市人穴のサティアン周辺の光景が今まで忘れられない。

29

Nov. 17 2008

「H&M」と世界経済

得田由美子・WWDジャパン特集担当ディレクター（以下、得） またまた「H&M」の話題で、今度は原宿店オープンですね。こっちは「コムデギャルソン」（以下、CDG）とのコラボもあって、銀座店以上の行列ですか？

三浦彰・弊紙編集委員（以下、三） 売り場面積も倍以上だから、そうだと思っていたら意外にもそれほどでもなかったかな（11月17日号P.4）。

得 そうなんですか？ 熱しやすくさめやすい日本人気質が早くも出た？

三 銀座店が9月13日、今回が11月8日。リーマン・ショック（9月15日）を挟んでいるのがポイントかな。9月12日の日経平均株価（終値）は１万２２１４円。今となっては高嶺の花みたいなもんだね。11月7日の日経ダウ（終値）は８５３８円。ここで、ちょっとばかり「H&M」といえども、こんな行列やってる場合じゃないかなぁ、なんて心理が働き始めたとしても不思議はないな。今回、内覧会へタクシーで向かうときも、タクシーの運転手さんが「全くマスコミが不景気を煽りすぎなんだ。我々の収入は日経ダウの上下に完全に比例している感じ。しかし、こんなに人のいない金曜日の表参道は見たことがない」とこぼしていたけれどね。

得 日本の「H&M」の売り上げにさえ水を差す金融危機ですけれども、今後についてはどう見ています？

三 それについては、スペシャルゲストをお招きしている。弊紙でも連載をしていただいていた、藤巻幸夫＝現フジマキ・ジャパン副社長のお兄さんで、カリスマトレーダーの藤巻健史＝フジマキ・ジャパン社長です。

得 円高、株安のこの経済状況、今後どのようになると見ていますか？

藤巻健史＝フジマキ・ジャパン社長（当時。以下、藤） 私のスタンスは、楽観論です。しかし、10月3日夜に、米国上院議会が金融安定化法案を可決したにもかかわらず、NYダウ平均株価が１５０ドルも下がったので、楽観論を論じられないのではないかと怖くなってしまいましたね。あの法案は、経済対策には有効ないい法案だと思っていたにも関わらず、市場が好反応を示さなかった。日経平均も１万１０００円台と冷静な反応だったので、金融危機から世界恐慌になる可能性も出てきた、と思った。

三 あれはたしかにヒヤヒヤものでしたね。

藤　その後、公的資金を注入したり、銀行間貸借保証をするなど、各国が極めて有効な法案を採択したので、10月中旬には金融システム崩壊の危機は過ぎたと、それ以降は強気の打診買いもしています。

三　それでは、最悪の事態は回避？

藤　はい。現在の金融危機は原因がはっきりしているし、過去の経験をふまえた対策もあるから、世界恐慌にはならない、と。バブルの時とまるで反対で、土地や株価が下がっているから、景気が悪くなる逆資産効果ですよね。それに不安心理が輪をかけている。株価が戻れば実体経済も戻る。金融株が上がるとか、円安になるとか、何かきっかけがあれば、株価は上がるでしょうね。現状では円が強すぎて株が下がりすぎているという不均衡が起こっています。このような不均衡はいずれ修正されて行くと思うので、株価が上がれば実体経済も浮揚する。現在の円高は、海外での購買意欲を刺激するかもしれないが、円が強すぎると国際競争力が弱まるから、長期的にみれば国内での仕事が減るという事態になる。円高だと、今、海外で「グッチ」を安く買えるけど、仕事がなくなる可能性がある。円安は、仕事をしっかり確保してから「グッチ」を買うということ。どっちがいいかといったら、今は仕事がしっかりと安定したほうがベター。だから、円安のほうが実体経済にはいい。「ユニクロ」なんかは、円高のほうが、海外で安くモノが作れるからいいかもしれないでしょうけどね。輸出をしていない企業でも、円安のほうがいいんですよ。「ユニクロ」だって、円安になれば日本でモノ作りするようになるから、国内経済が潤う。

三　１ドルどれくらいが理想ですか？

藤　理想では１ドル＝１７０円。１３０円台くらいでも、かなり景気は良くなるね。とにかく円安に誘導しないと展望は開けません。今の景気対策の最大の眼目なのに誰も言わない。僕が金融担当大臣になったら、すぐにでも円安に誘導して景気回復なのに（笑）。

得　政府の人には、トレーダーの傍ら、のんびりと「崖の上のポニョ」（健史氏そっくりの藤巻直哉氏が主題歌を歌唱）を歌っていると思われているんじゃないでしょうか？

藤　株価が上がらないから、今は「崖っぷちのポニョ」ですよ（笑）。

NOTE

なんとカリスマバイヤーの藤巻幸夫氏のお兄さんであるカリスマ・トレーダーの藤巻健史氏の登場。ただし藤巻氏が理想とする1ドル170円はまるで程遠く、現在は1ドル＝90円の円高が続いている。当時の日経平均は8,500円程度。藤巻兄は強気に株を買っている幹事だったが、その通りならかなり儲けているはず。当時は六本木ヒルズを出て西麻布青山霊園横のビルにオフィスを構えていたが。

30

Nov. 24 2008

猛攻続ける住友商事

大江由佳梨・ＷＷＤジャパン記者（以下、大） ついにマーク・ジェイコブス・ジャパン（以下、ＭＪＪ）が設立されました。住友商事とマーク・ジェイコブス・インターナショナル（以下、ＭＪＩ）の折半（50％&50％）出資です。（11月17日号P.3）

三浦彰・弊紙編集委員（以下、三） 昨年来噂が出ていたが、住友商事（以下、住商）が入り込んでいたとはつゆ知らなかった。当然従来のマスターライセンシーの三菱商事が主導するものだとばかり思っていたがね。契約終了を狙ったとは言うものの、大胆な仕掛けでかなり破格の好条件をオファーしたのでは。

松下久美・弊紙デスク（以下、松） 住商は昨年に通販の住商オットーの株をドイツのオットー社に売却。そして同年ジュピターショップチャンネルに１０５０億円を投じて子会社化しています。また２００８年4月ブランディング（旧ゼイヴェル）の子会社ファッションウォーカーに出資し、3社で資本・業務提携。最近ではリシュモンジャパンと共同出資（70％&30％）でランセルジャパン（3億５０００万円）を設立しています。勢いづいていますね。

三 ＬＶＭＨやリシュモン系のブランドと合弁するケースは、日本ではあまり見られなかったけれどもね。伊藤忠商事や三井物産といった従来海外ブランドに強かった総合商社は、かつてＬＶＭＨなどのブランドコングロマリットとは、むしろ敵対した動きをすることが多かったので、合弁なんていう発想はあまりなかったんじゃないかな。住商は後発ということもあって、ある意味掟破りも気にならないのかな。

松 なにせバーニーズ・ジャパンを支配下においていますから、そこに入る商材確保という意味合いもあるので、これからも、海外有力ブランドの獲得に、貪欲に乗り出していくのでは。

天野賢治・弊紙デスク（以下、天） サブライセンシーのルックが公表した数字だと、「マーク・ジェイコブス」（インポート。以下ＭＪ）と「マーク・バイ」（ライセンス中心）で合計49億円の売り上げで営業利益１０００万円。これがすべてなくなるわけで、ルックは大変なことになっています。ＭＪのインポート部隊はＭＪＪに移管されるのでしょうが、時を同じくして早期退職者募集を行なっています。

松　そういえば、ナラ・カミーチェも昨年買収していますね。従来は、やはりドイツのフェイラーぐらいしか有力ブランドはなかったのですが、他社に元気がないとみるや攻勢に出ている感じですね。折半出資したコーチ・ジャパンの株式をコーチ社に売却した時に１４０億円の売却益を出して、その資金でバーニーズジャパンを買収しています。コーチでの成功が大きかったですね。

大　しかし、ＭＪとは良い買い物をしましたね。

三　現在、40歳代でシグニチャー（自分の名前で）ブランドをやっているデザイナーでファッション史に名前を残しそうな存在というと、マークぐらいしか居ないんじゃないかな。年商規模でも8億ユーロ（約９７６億円）になっているからな。

大　3月にマークのビジネスパートナーでＭＪＩのロバート・ダフィー＝副会長兼社長にインタビューした時は、いずれ「ルイ・ヴィトン」を売上高で抜くのも夢じゃないと息巻いていましたからね。マーク自身がいろいろと不安定要因を抱えているのがタマにキズではありますが、クリエイション面ではノリに乗ってます。

松　「マーク・バイ」は、今までのルックのライセンスラインに代わってインポート展開になるわけですが、価格ギャップなくできるのですか？

大　基本的には変化はないと来日したＭＪＩのベルトラン・スタラ・ブーディヨン＝ＣＥＯは語っていましたが、今秋冬ものでライセンスでジャケットの平均小売価格が4万１０００円、インポートが5万３０００円程度。

三　ちょっと無理だと感じたけれども販売が始まるのは２００９年秋だが、神風というか、猛烈な勢いでユーロ安が続いているし、それに日本法人設立で、ダイレクト輸入になるから、日本での小売価格も変更なしでやっていけるかもしれないな。

大　勢いづく住商の次のターゲットは何でしょうか？

三　傘下にバーニーズジャパン、ＭＪＪを持っている住商ですと名乗れるんだから、今までとは全然ネームバリューが違う。ＬＶＭＨ、リシュモンとも関係が築けたし、意外な大物ブランドと日本法人を作るなんてことがあるかもしれないな。住商株も動意づいてるが、マーク効果なのかな。

NOTE

総合商社のファッション部内は数年前から総じて厳しい状況にある。そうした中にあって住友商事は積極策を展開中で話題を提供している。例えば、「マーク・バイ」はマーク・ジェイコブス・ジャパンへ移管され、サブライセンシーのルックはおかげで早期退職者を募集するほど大変なことになったが、その穴埋めに導入した「トリー バーチ」が現在大ブレイク中。今のところ災い転じて福の様相を呈しているが。

31

Dec. 1 2008

不景気風と「ブルー・オーシャン」

得田由美子・WWDジャパン特集担当ディレクター（以下、得）　依然日経平均株価は８０００円前後と回復の兆しも見せず、ファッション業界の不景気ネタは、もはや季節のあいさつに……。

三浦彰・弊紙編集委員（以下、三）　10月の東京地区百貨店売上高は、前年比８・４％減。リーマン・ショックで、株価が大幅下落した月だったこともあるが、この数字は危険水域だな。このままだと年末商戦は厳しいだろう。

得　百貨店外壁の垂れ幕広告（通称、懸垂幕）も少なくなっちゃって、老朽化した外壁が露わになっている百貨店が目立ちます。寂しい限りですね。

三　その一方で、高級おせち、クリスマスケーキの受注額は昨年よりも上回っているらしい。〝家〟で過ごすスタイルになってきているんだろう。日本のバブル経済が崩壊したとき（１９８９年以降）も、土鍋が良く売れていた。

得　最近は、（会社付近の）西麻布も、人出がめっきり減ってきています。閉店したレストランもいくつかありますし、外食比率が減ってきているんでしょうね。すかいらーくも、「すかいらーく」「夢庵」をディフュージョンの「ガスト」をメインに縮小するらしいですね。でも、11月21日発売のミシュランガイド東京は相変わらず話題になっています。購入者の3割しか、実際に星付きレストランには行かないそうですが。

三　すでに、今回三ツ星昇格店の割烹「神楽坂石かわ」が、食中毒を起こすセレウス菌入りの「黒豆瓶詰め」を販売、回収騒ぎでミソつけちゃったけどね。また、かつて話題だったボジョレー・ヌーヴォーだが、輸入量も２００４年に比べ半減し、完全にブームは終わったんじゃないか。

得　でも、ボジョレー解禁パーティには、三浦さんも行っていましたよね？

三　六本木のハニーズガーデンでやっていたので行ってみたけど、なんかニートっぽい若い連中がやたら多く、混雑していて閉口した。

得　「蟹工船」ブームで、若い世代では蟹男（ニート風）はトレンドですよ（笑）。私はＦＸで泣きましたが、極端な円高なので、円高還元の値下げのニュースも多いですよね。仏ジュエラー「カルティエ」（11月22日～）、独「モンブラン」（11月27日～）も、すべてのカテゴリー平均10％の値下げをしました。同時期に「ティファニー」も値下げ。

ホリデーシーズンを前に購買動機を高められるでしょうか。

三　ジュエリーを含め、ラグジュアリーブランドは今期厳しいだろうな。前年比10～20％ダウンは必至だろう。最近は、特に日本での売り上げの前年比をぼかさずに、ハッキリ数字を発表するブランドが多くなってきたな。なんか便乗して発表しちゃおうという感じだ。

得　不景気も、みんな悪けりゃ怖くない、と……。

三　最近の注目の人事では、LVJグループフェンディジャパンカンパニーの田島寿一プレジデント兼CEO（55）が、来年1月23日付けで田崎真珠の社長に就任する。ディオールのインポート化戦略を成功させ、フェンディを軌道に乗せた仕事師だけれども、田崎真珠の再建を引き受けるとはなぁ。名門企業も一族の田崎征次郎・社長が退任するなど経営難は深刻で、株価も100円割れ。最近は、所有する銀座の不動産を売っていたからなぁ。田島さんの手腕に期待ということだね。

得　そういえば、レッグウエアの福助などに投資していた、投資ファンドのMKSパートナーズが既存投資を停止しましたね。

三　前にも本欄で述べたが、ファンドはよほどいいリーダーを見つけない限り、ファッション企業の再生は無理だと証明済み。リストラや財務テクニックだけでは、とても再生は無理。

得　未曾有（みぞうですよ、麻生さん）の不景気、おススメの経営指南本はありますか？

三　ちょっと古いが「ブルー・オーシャン戦略」（共著：W・チャン・キム、レネ・モボルニュ）がいいんじゃないか。今の世界経済はまさにレッド・オーシャン（血の海）だからな。レッド・オーシャンとは、限られたパイを奪い合う競争社会のこと。そうではなく、自ら新市場を開発する方が経済全体にも有効だということが骨子。3年ほど前に注目された本だが、今再び脚光が集まってるのではないかな。特に、市場自体が縮小しているファッション市場関係者には読んで欲しい本だな。

得　同戦略を適用した成功例として、任天堂〝Wii〟やサムソン・グループがありますもんね。ちなみに、三浦さんにおススメしたいベストセラーのビジネス本がありますよ。「2次会は出るな！」（著：中村繁夫）。

NOTE

不景気風が吹き荒れる師走の風景描写。「円高還元」と称して値下げするブランドが多いこと、田崎真珠の再生をLVJグループ／フェンディジャパンカンパニーの田島寿一プレジデント兼CEOが手掛けるようになったことが注目される。その後、田島新社長は銀座ビルのリニューアル、「TASAKI」へのブランド名変更後が行なわれる。アメリカの新進デザイナーのタクーン・パクニカルとのデザイン契約も発表している。なかなか面白い商品だった。

32

Dec. 8 2008

「ディスクリート」が鍵

三浦彰・弊紙編集委員（以下、三） 私が会っただけでも11月末から、「ミッソーニ」「ブルガリ」「エルメス」「トッズ」。この他にも非公式にマーケットリサーチに来ているようだな。ま、日本だけというのではなく、中国、韓国と巡回するケースが大半だろうけど。

得 世界的金融危機で、市場がどうなっているのか心配なんでしょうね。

三 「百聞は一見に如かず」ということだろうけど、特に日本市場の冷え込みに驚いているはず。視察される側も、以前だったら色々と取り繕ったりしていたんだろうが、なす術なしということなんじゃないか。

得 でも、某ラグジュアリー・ブランドが、11月末から50%オフの大バーゲンをしていて、業界で話題になっています。これくらいの大胆な戦略もやむ無しなんでしょうね。

三 12月を前に50%とは荒ワザだな。

得 相変わらずラグジュアリー・ブランドの日本小売価格の改定（値下げ）発表も続いています。最近も「ルイ・ヴィトン」が7%、「クリスチャンディオール」が8%の値下げを発表しています。

三 刻んできたね。「ヴィトン」については、パリ現地価格の１・４倍というインデックス指数というのは不変で、このあたりも今後検討課題になるかもしれない。

得 一般に値下げ効果はあるのですか？

三 年初１６９円まで高騰した1ユーロが現在１２０円を割り込み30%以上も安くなっているのだから、これを知らんぷりするのは、消費者に対して不誠実だということなのだろう。しかし、10%値下げして、前年と同じ売り上げをとろうとしたら、売り上げ個数を10%増にしなければいけないわけで、10%程度の値下げで購買意欲が刺激されるなんてことはこのご時勢ではあり得ない。売り上げに関しては期待できないな。しかし仕入れがユーロ建てならば、仕入れ原価が大幅に圧縮されるから、日本法人にとっては利益面では相当メリットがあるはずだがね。

得 でもこんなに為替が変動していてはかなわないですよね、何か有効な手段はないのですか？

三 本国サイドとの取り引きを、円建てにしてしまえば、為替に翻弄されずに済むね。

得 そんなブランドありますか？

三 アクリスジャパンが代表的な例じゃないのかな。

得　そういえば、アクリス社は、ドイツのハンドバッグメーカーのエガナ・ゴールドファイルから、「コンテス」部門を買収していましたね（12月1日号P.3）。

三　今まで、プレタポルテしか扱っていなかったけれども、いよいよ「アクリス」ブランドのハンドバッグが登場するというわけだ。本格的なラグジュアリー・ブランドへの道を歩み始めたということだな。

得　でも、なんか地味なブランド同士ですよね。「アクリス」ってスイスのブランドで、「コンテス」はドイツだし。ハンドバッグならイタリアのバッグメーカーに目をつけそうなものですけど。

三　アクリス社はサン・ガレンに本社があり、そこはスイスでもドイツ語圏の地域。トップ同士がドイツ語を話せるというのが決め手じゃなかったのかな。〝地味〟と言わずに「ディスクリート（控えめ）」ということだな。高価なブランドものを買うことに罪悪感を持つ消費者も出現し始めているという。今みたいな時期にはこういうディスクリート・ラグジュアリーがいいのだよ。いわゆるこれ見よがしの、ロゴを前面に出したブランドとかトレンド色の強いブランドっていう気分じゃ今はないだろう？

得　はあ。「ボッテガ・ヴェネタ」「ロロ・ピアーナ」ってところも同様ですか。「エルメス」なんかもその分類ですね。先日銀座4丁目交差点の和光のリニューアルが終わって、内覧会に行って来ましたが、3階の「アクリス」が売り場をかなり広げていましたね。でも、和光って日曜・祝日は営業していないんですね。世界一立地の良い場所なのにもったいないことですね。

三　富裕層のお嬢様が社員に多くて、日曜・祝日まで働くことはない、という伝統なんだな。これこそ、究極のディスクリート・リテーラーということなんじゃないかね。

得　私も和光並みにディスクリートに仕事をしたいですね。

三　すでに十分ディスクリートじゃないか。また週末はウォン安韓国ツアーに出掛けるんだろう!?

得　今回はＨＫドル安の香港です！

三　……。

NOTE

「アクリス」、「ロロ・ピアーナ」や和光などを取り上げ、「ディスクリート・ラグジュアリー」がこういう厳しい時代でも注目されていると分析している。また某ラグジュアリー・ブランドが11月末からセールを行なっているとあるが、このあたりからバーゲンの早期化・長期化は当たり前になって来ている。それが自らの首を絞めるのはわかっていても、台所事情はそれほどに厳しいのであろう。

33

Dec. 15 2008

デザイナー稼業の難しさ

三浦彰・WWDジャパン編集委員（以下、三）「グリーン」がブランドを休止（11月24日号P.4）するが、2人組のひとり、大出由紀子の妊娠・出産（来年2月予定）が理由なんだね？

麥田俊一・弊紙ファッションディレクター（以下、麥）「ひとりでやってもダメ」とデザイナーの吉原秀明は話していました。「定番だけでもいいから続けて欲しい」という取引先からの声にも首を縦に振らず、会社であるボウルズは存続させるもののスタッフはいったん解散。

三　2人の役割分担って？

麥　吉原が膨らませたイメージを大出が形にまとめていく、というのが基本ですが、明確な役割分担はなかったと思います。デザインデュオによく見られるパターンです。

三　しかし、どうなの？　こんなことも「あると思います」なのかね。個人的には情けないと思うけど。

麥　弊紙連載の吉井雄一・巴里屋代表は「走り続けて消耗していってしまうってどうなんだろう……それによって人生大事なものをおろそかにしている部分もあるんじゃないか……ファッションビジネスに人生消費されるつもりは全くないんですね」（11月3日号P.34）と2人を支持していますね。

三　妊娠したのでデザイン活動も休みますというのは、「クロエ」のフィービー・フィロのケースなど最近増えているけど、「グリーン」は設立10年、最初のランウェイショーから4年も経っていない。これからって時なのにね。まさかデザイナーが妊娠したから「クロエ」をやめるなんてことはないわけで、厳しいこと言ったら、妻が妊娠したからブランド休みますは、本来ファッションビジネスの世界ではありえない話で、ビジネスをやろうって気が本当にあるのか、と言われても仕方ないんじゃないのか。普通は3年休んだらこの世界では居場所なんてないはずだがね。それほど日本は甘いのかな。

麥　今回のケースは単純に「クロエ」とは比較できないと思います。吉原にとって「妻」である大出はデザインデュオの「パートナー」でもある。前述のように、吉原ひとりで定番を中心に中途半端な「グリーン」を存続させるという安易な選択をしなかったわけですから、それなりの「覚悟」があったのでは。いずれにしても「グリーン」復活の可能性は低いと思います。すでに、吉原のほうは別のプロジェクトの準備を進めていると聞いています。

三　え!?「グリーン」はもう完結で、何か別のブランドを始めるっていうことなの?

麥　あくまで私の想像に過ぎませんが。

三　ブランド名は「エバーグリーン」かな(笑)。でも、東京のデザイナーたちはみんなビジネスに淡白過ぎるな。東コレ参加ブランドで、上代で10億円近い売り上げがありそうなのは、「グリーン」「イランイラン」というところかな。デザイナーの岩谷俊和が独立してしまった「ドレスキャンプ」にしても5億円あったかどうか。エイ・ネット組の「スナオクワハラ」「メルシーボークー、」「ネ・ネット」などは15億〜20億円規模はあるのだから、やはり、ビジネスセンスのあるパートナーや営業・販売力のある企業をバックにしないとダメなんじゃないのかな。

麥　パリコレで定着し、それなりに評価されている「アンダーカバー」にしても売上高は20億円には届いていません。

三　しかし、裏原あたりで一発当てちゃって、うまいこと5億円も年商があると、フェラーリが買えるっていうからな。もちろんそれ以上のことなんか考えていないで消えちゃうんだけどね。そうかと思えば、土方やって資金作って意地みたいにファッションショーやってるデザイナーもいるけど。

麥　そう言えば、テットオム社の森下公則も退社(12月8日号P.3)しますね。

三　44歳になって、これが最後のチャンスと思ったのだろうが、22年間育ててくれた加藤和孝・社長はこの業界では珍しい人格者で、子供もいなかったから森下のことは我が子のように可愛がっていたのにね。森下君にはそんなに束縛があったとも思えないが、1月のパリメンズコレのショーを中止というのが退社の決め手になったみたいだな。

麥　「キミノリモリシタ」の商標はテットオムが持っているんですってね?

三　例によって例のごとくで、退社・独立したはいいが、自分の名前でブランドがやれないということだな。これだけ不義理したら当然といえば当然だ。

麥　森下はパリメンズコレに出て、ちょっと目覚めちゃったのではないですか?

三　寝ていた子を起こしたってことなのかな。恩返しの意味でも頑張って欲しいと思うけどね。

NOTE

2人組の片割れの妊娠・出産による『グリーン』のブランド休止への失望がテーマだ。が、妊娠して出産するみたいな幸せに比べてデザイナー企業としての成功なんてどれほどの価値があるのだろうか(本誌で連載中の吉井雄一氏)という異論も多かったと聞く。そうだろうか。その程度の思いでビジネスをするぐらいなら最初からやるな。こういう事情はどの業態でも同じだろうと思うが。私の頭が古いのか。

34

Dec. 22 2008

「自腹」と「ワンメーター」

得田由美子・WWDジャパン特集担当ディレクター（以下、得）　今号は年内最終号ですが、世間でもいろいろと今年を総括する企画が出ています。今年を表現する漢字一文字では「変」が選ばれていましたけれど。

三浦彰・弊紙編集委員（以下、三）　「変わる」という意味だよね。でも「何か変だ!?」という意味もある。むしろ、個人的には、通り魔殺人多発を含めて、とにかく変な世の中だと思う。ファッション業界についても、これだけ大きく為替、株、原油価格が変動しては、先を予想するのも難しい。

得　昨年秋にサブプライム問題が表面化して、「こりゃ大変だ」と流れが変わり、ついに今年9月15日には米国証券界第3位のリーマン・ブラザーズが破綻して、いよいよ世界金融危機が米国発で勃発。またたく間にこれは世界大不況の引き金かという事態に陥っていますね。

三　日本はマシな方だと思うけど、それでも、例えば百貨店のラグジュアリー・ブランドを筆頭にして買い控えが起こっている。あるジュエリー・ブランドなどは、都心の某百貨店で10月が前年比70%を切る水準まで落ち込んで、さすがにこれには同社関係者のみならず業界関係者もビックリしていたな。ここまでヒドくはないが、前年比90%というのはマズマズで、85%が平均という感じなんじゃないのかな。マスコミが不況・不景気を煽りすぎているのも消費低迷の一因だろうけどね。

得　そりゃ、変な楽観論をやったら馬鹿にされそうなムードですからね。オーバーに不況を表現した方が雑誌や新聞が売れますからね。ファッション業界の業績はいずれ回復するとして、どんな回復の仕方をするんですか?

三　例えば、07年を基準にして、さっきの某ジュエリー・ブランドのように08年が前年比70%だとして、09年はさすがにそこまで悪くはないだろうから、前年比10%増だとする。07年比ではそれでも77%に過ぎないのだけれども「前年比という魔術」では10%増で急回復なんてことになる。大体そんな風にドン底期では数字は作られる。

得　それと広告・販促費の削減ですね。某大手ラグジュアリー・ブランドなんかは、モード系女性誌については来年は従来の半分の3誌にしぼり、総額も前年の60~70%の水準ですね。

三　弊紙は残っているんだろうな。落としちゃいけないですよ、皆さん（真顔で）。そう言えば、最近の展示会やイベントにはこんなクラスの展示会に編集長がやって来るのか、なんて思うことが多いな。先日なんか、「これメンズの展示会だよ。あなたのところはレディスしかやってなかったよね？」なんて一幕もあったな（笑）。それぐらいヒッチャキってことなんだろうが。

得　接待・交際費もかなりシビアに減らされているようですね。某大手出版社の副編集長に聞いたんですけれども、接待・交際費がほとんど認められなくなっていて、「自腹」が増えたって嘆いていましたけれど、「自腹」で飲食するのが久しぶりで、「全く加減がわからなくて、今までと同じ店で同じように食べて飲んだら、とんでもない金額になって、こんなに使っていたんだと驚いた」なんて言ってましたね。会社のカードを渡されていて、それで払っていたもんだから、金銭感覚が狂ってしまったのでしょうね。某新聞社でも、タクシー利用に制限が出来ていて、ある記者が総務に呼ばれて、ワンメーターのタクシー領収書にケチをつけられたんですが、「なぜですか？」と尋ねたら「こんな近い距離は歩きなさい」と諭されたそうです。それ以来、ワンメーターで止まりそうな時は、そのあたりをちょっと回ってメーターを上げてから降車するそうですよ（笑）。

三　新聞不況ももっともだな。朝日新聞は9月の中間決算で１０３億円の赤字だったが、通期では赤字幅が広がりそうだと言われているな。

得　重大ニュース選びの時期ですが、三浦さんとしては、何を挙げますか？

三　ＷＷＤジャパンで最も紙面を割いたのは、ダントツでＨ＆Ｍだろうな。まあ、上陸は大成功を収めたと言っていいだろうなあ。ファストファッション、アウトレット、Ｅコマースを含めた通販が、大不況期の三種の神器ということかな。この流れは来年はもちろん、しばらく本流になっていくのだろうな。いずれにしても、最近はファッション業界でもニワカ経済評論家が増えちゃって困るよな。経済環境を論じても始まらないわけで、足元を見つめて日々の業務に精励していくしかないのだな。為替に翻弄されて価格問題で悩み、さらにブランド離れの不安の前で揺らいでいる海外ブランドに対して、ぼちぼち日本ブランド、日本メーカーの逆襲があってもいいのではないかな。

NOTE

ブランド離れの不安の前で揺らいでいる海外ブランドに対して、ぼちぼち日本のファションメーカーの逆襲を期待したいと結ばれているが、結局次の年の2009年でもそんな流れは見られなかった。もう海外VS国産という尺度でマーケットを考えても何も起こらないということだろう。日本にはグローバルな尺度でモノを作り、売らないと国内市場でも通用しないということが分からないファッションメーカーのトップが多すぎる。

35

Dec. 29 2008

ガテン系編集者の時代

得田由美子・WWDジャパン特集担当ディレクター（以下、得）　今号の初夢企画にはなかったのですが、09年は不景気のため家ごもり人激増で、雑誌併読率が大幅にアップ。雑誌不況に終止符、なんてことにはならないでしょうかね？

三浦彰・弊紙編集委員（以下、三）　ならないだろう。カテゴリーの1番手、2番手以外は、今後さらに厳しい状況になるだろうな。

得　岸田一郎・プロッツ取締役製作総指揮が編集長時代の「レオン」には、派手な接待逸話があったことを考えると、状況は一変しましたよね。でも、雑誌不況の中、絶好調の宝島社は、目標をクリアした雑誌の担当者にはドバイ旅行がプレゼントされたらしいですよ。

三　付録効果もあるのかもしれないが、広告部主導の多い他の出版社と違って、販売部と編集部が強い構造だから、読者第一のコンテンツ提供が実現しているのかもしれないな。

得　発売部数がアゲアゲといえば、インフォレスト出版の「小悪魔ageha」。08年の顔でしたね。

三　中條寿子・編集長をインタビューしたけれど、髪型からネイル、携帯まで全てが〝モリモリ〟で、圧巻だったなぁ。もちろんキャバクラでバイトしていたこともあるしね。

得　キャバクラで働くことは、腰掛けOLと同義だという説もあります。客の中から効率的に婿候補を探し、24歳までに結婚して引退、という青写真はまさに、昭和の腰掛けOLに匹敵する存在に。いまや、キャバ嬢ファッションは、メジャースタイルなのでは？

三　キャバ嬢をしていた国会議員もいるくらいだし。

得　ちなみに、２００８年に一番驚いた休刊ニュースはどの雑誌でしたか？

三　鳴り物入りで再創刊された「KING」（講談社）も再休刊。乳間ネックレスなどの新語を生み出した「NIKITA」（主婦と生活社）の休刊も驚いたけど、個人的にはやはり「広告批評」（マドラ出版）の休刊かな。

得　休刊雑誌が増えましたが、一方で、ウェブマガジンの創刊ニュースは多かったですね。

三　といっても、「エル・オンライン」（アシェット婦人画報社）の独壇場で、なかなか追随する女性ウェブマガジンは出てきていない。しかも、川上雅乃・前編集長はベネッセコーポレーションへ、蓮真奈美・前副編集長は「グラマー」へ転職。本国のウェブフォーマットへ変更しようとしていた会社側と、意見の食い違いが生じたらしい。この二人は、「エル・オンライン」の日本での道筋を作った立役者だったけれどもね。今、アシェット婦人画報社は大改革中だよ。

得　09年注目の出版社ですね。

三　メンズウェブマガジンでは、「ハニカム」「オウプナーズ」が話題にはなっていたが……。

得　PCサイトが閲覧できるスマートフォンの普及と共に、ウェブマガジンの需要が増えると予測していたのですが、普及したというには程遠いですよね。各携帯会社は、今冬商戦で多くのスマートフォンを発表しましたが、売れ行きは芳しくないようです。iPhoneも操作性の問題から、女性にはウケてないですしね。

三　男性はウェブ誌を読むかもしれないが、女性はメルマガぐらいなんだろうな、読むとしたら。実際、ウェブメディアは、紙メディアに代替するものではないことが証明されたな。

得　相次ぐ雑誌休刊で、編集者もウェブメディアに移行しているという流れもあるようです。デザイナーやカメラマン、スタイリストなどもウェブメディアで稼ぐという人が増えたようですよ。

三　産経新聞は無料iPhoneで閲読可能になった。新聞や週刊誌、メンズ雑誌がウェブ（モバイル）メディアに取って代わられるかもしれないな。紙では専門誌しか生き残れないんじゃないか？

得　そういえば、書店の雑誌コーナーは、雑誌数が減って、今やスカスカですよ。

三　そもそも、雑誌が売れなくなってきているのは、読者が喜ぶようなコンテンツがなくなってきているから。売れない雑誌を作る編集者がウェブに移ったって、売れるウェブマガジンができるわけがないと思うよ。組織だけでなく、編集者も含めて、読者が本当に求めているコンテンツに関して教育でもしないかぎり、雑誌もウェブメディアも生き残れないだろう。

得　雑誌編集者は、専門性を求められる長時間労働者ということで、ガテン系職人にカテゴライズされる時代になっちゃうんでしょうかね。

NOTE

PCサイトも閲覧できるスマートフォンはここでは売れ行き不振といわれていたが、2009年には爆発的に売れ始めている。無料で全面ウェブ閲覧が可能になったとここで紹介されている産経新聞は、紙のほうの購読者が十万部単位で激減するという事態を招いている。モバイルも含めネットの世界では何が起こるか簡単には予測ができない好例。確実なのは2兆円を2009年割り込んだという書籍・雑誌市場の減少はまだまだ続くということ。

2009

36

Jan. 12 2009

ラグジュアリーの現在

得田由美子・WWDジャパン特集担当ディレクター（以下、得）　09年東証初日（1月5日）は一時9000円台を回復、NYダウも9000ドルを超えましたが、09年の消費低迷に出口はあるんでしょうか？

三浦彰・弊紙編集委員（以下、三）　不況もまだまだ入り口の段階かと思っていたが、12月商戦はサンタンたる結果だった。特に、百貨店の年末商戦は厳しく、伊勢丹新宿本店の12月売上高は昨年対比88・6％。これには驚いた。

得　クリスマス・ケーキやおせちなどの食料品は前年並みだったようですが、婦人服や紳士服のアパレルの不調が足を引っ張ったようです。

三　特にメンズ館が足を引っ張ったようだね。8ガケ水準と聞いている。三越も日本橋や銀座、池袋店などの都心店舗は同89・1％、同86・3％、同87・8％。ラグジュアリー・ブランドの購買単価が下がり、宝飾の売り上げが苦戦したと発表している。

得　気温が高めに推移したからコートなどの需要が伸びなかったと三越はコメントを出していますが。

三　このアパレル不振は、気温・天候の問題ではなく、不況に伴う消費の構造的変化と言えるのではないか。

得　でも、福袋の売り上げは良かったようですよ。さて、不景気の真っ只中になる09年は、安定志向加速で、婚活ブームも加速するのでは？　婚活には、モードはNG。モテ服でもなく、超コンサバファッションが求められるので、ますますファッションアパレル系は厳しくなり、美容業界とジュエリー業界が景気を下支えするのではないかと思うんですけど。婚活が成功したら、ブライダルジュエリーが必要ですしね。

三　君も婚活中だったね。そのファッションじゃ無理だと思うけども。

得　余計なお世話ですわ！　それはそうと、「シャネル」は、昨年東京で行なった〝モバイルアート〟展の巡回を中止しました（12月29日号P.3）。

三　アルティメイト（究極の）・ラグジュアリーを標榜して、日本でも高価格路線を敢行していただけに、どんな手を打ってくるか注目だ。〝モバイルアート〟は壮大な試みだったが、実際の販売には全く影響がなく入場も無料で、さすが「シャネル」だと感心していたのに、巡回中止とは残念だな。しかし、このモバイル展があったのとは関係ないのだろうが、国際フォーラムで毎年2回やっていたプレタのショーも最近はやっていないよね。顧客にはパリコレ再現ショーとして人気があったのに。

得 LVJグループも銀座・晴海通り沿いの銀座店舗開発プロジェクトを中止して、年末大きな話題になっていましたが、しばらくは店舗への大型投資は減るでしょうね。既存店を整理するという話も出ています。

三 それは池袋三越の閉店に伴う「ルイ・ヴィトン」店のクローズのことだろ。これが東口の池袋西武に行くのか、西口の東武に行くのかが大注目だが、改装凍結で宙に浮いたまま。一度西武に決まりかけたのだが、条件が折り合わなくて暗礁に乗り上げたようだ。ヴィトンは池袋西武には以前に入っていたが、池袋三越に移った経緯がある。ヴィトンが入っていない大型有力店としては伊勢丹新宿店と池袋西武、阪急百貨店うめだ本店が三強として胸を張っていたのだが、昨年2月に阪急うめだがメンズ館に導入してその一角が崩れた。百貨店にとってはキツイ条件だろうが、120坪で15億円程度オンするのだから、今のような時期では喉から手が出るほど欲しいはず。一方で、こんな不況下でも、「ランセル」や「トラサルディ」は日本市場攻略を本格化させようとしている。

得 飽和状態の日本のラグジュアリー市場に参入できるスキはありますか？

三 商品次第。これに尽きる。ビッグブランドの寡占が続いて来た日本のハンドバッグ市場で、100億円超えした「ボッテガ・ヴェネタ」がすでに落ち着いたところを見ると、どうも今の日本の市場環境ではこのあたりが壁になっているのではないかな。逆に言えば、商品に斬新さがあって、ヤング層にもウケが良いラグジュアリー・ブランドなら、うまく行けば、100億円規模まではいけるのではないか。現在、前年を楽々超えているのは「ミュウミュウ」「バレンシアガ」「ゴヤール」のトリオ。「ミュウミュウ」はすでに100億円超えしているが、他の2ブランドはパイも小さく、今年も大きく伸ばしそうな勢いだね。

NOTE

シツコイぐらいにラグジュアリー・ブランドの現在について語られている。それだけニュースが多いということだろう。「ルイ・ヴィトン」については、池袋三越の閉店に伴う移転先が話題に。結局その移転先は池袋西武に決定。2009年春に同店地下に仮店舗がオープンした。飛ぶ鳥を落とす勢いだった「ボッテガ・ヴェネタ」がすでに減速に入っているとの記述あり。店舗の急拡大とイントレチャートに次ぐヒット不在が原因。

37

Jan. 19 2009

「生活防衛銘柄」に注目

得田由美子・WWDジャパン特集担当ディレクター（以下、得） 不況、不況といっても、伸びる企業、ヒット商品を出す会社はあるもんですよね。

三浦彰・弊紙編集委員（以下、三） みんなダメなんてことになったら、日本滅亡だよ。1月7日の夕刊フジに8000円台でウロウロする日経平均だが、生活防衛銘柄に注目せよという記事があった。アパレル関連では、ユニクロ（ファーストリテイリング）、ポイント、ライトオン、ハニーズ、ABCマートなどがあがっていて、いずれも株価低迷のご時勢でも株価が好調だ。

得　それにしても、「生活防衛銘柄」って、スゴイ命名。安価なアパレルブランドが多いですね。H&Mが上陸してから、ファストファッションの位置づけがすっかり変わり、“安くても、トレンド感があればいいじゃない。どうせ1シーズンしか着ないし”という感覚。

三　紳士服の安売り店の青山商事やOKIホールディングスといった上企業は、株価が今ひとつなので、生防衛銘柄には入れてもらえないんだな。

得　メンズウエアというか紳士服は景気の影響をモロに受けるんですね三浦さんもやはりそうなんですか？

三　そんなの関係ない!!　と言いたいところだがね……。

得　アパレルに限らず、ライフスタイル全般がそのような風潮になっていますね。外食産業でいうと、ワタミ、サイゼリヤ、王将フードサービス。

三　大型ショッピングモールのフードコートに積極的に出店しているクリエイト・レストランツは、昨秋から比べると株価は2倍になっている。いわゆるピラミッドの頂点を形成する超富裕層というのが日本にも1～3%存在するのだが、彼らの消費意欲は、この不景気でもあまり変化がないらしいが、やはり周囲に気を使うらしくて、世田谷に住むある超富裕層が、最近ベントレーを購入したんだが、納車は深夜にしてくれ、エンジン音も静かにガレージに入れてくれと注文したらしい。近所に気を使っているんだね。

得　真正富裕層は、謙虚なんですね。

三　今からちょうど20年前の1989年の1月7日に昭和天皇が崩御したが、その後がやはりそんな感じで、国民全体が喪に服するというので、華美だからという理由で1年間ほとんどのファッションイベントが中止になったのに似ている。この年は、3%の消費税も導入されており、90年からの10年間に及ぶバブル崩壊後の例のない長期大不況への前夜として忘れることができない年だが、今年はそんな年にならないように願いたいけどね。

得　でも、「生活防衛」とか「我慢」「倹約」というのがトレンドになっているような気がするんですけど。最近の若い女の子が持っているキャンバストートも、「ディーン・アンド・デルーカ」とか「紀ノ国屋」のモノが目につくのですが、別にブランドモノが買えないのではなくて、それがオシャレだと思っているフシがありますよね。特に売れているのはキャンドルの「スワティ」のラメ入りミニトートバッグ（１６８０円）で、キャンドルよりも売れているという評判ですよ。エコ（倹約）は、立派なトレンドなんですね。

三　ほう。ショッピングトートのトレンドか。日比谷公園の派遣村でもお目にかかれそうだがな。しかし、トレンドやブームならば一過性なんだろうな。まだ、実体経済悪化が財布に影響を与えるレベルではなくて、少なくとも不況の最大要因は、将来への不安を含めた心理的な要因であることは確か。これが、さらに実体を反映した構造的なものになるというのがほぼ共通認識で、今年はさらに悪くなるというのが大半の予想。日経平均も1万円前後は年内絶対無理だし、1ドルも１００円以上になることも絶対ないとエコノミスト、アナリストは言っている。元証券マンとして、経済学を超えて皮膚感覚でおかしいと思うな。日経平均は1万円はいくと思う。

得　ま、難しい話はいいですけど、百貨店でスゴイ行列を見かけましたよ。松屋銀座店地下1階の食品売り場で、ガトーラスクを売っている「グーテ・デ・ロワ」です。１袋1枚入りのホワイトラスク（中缶40枚入り３１５０円）。20人ほどの行列ができていましたが、毎日そんな感じらしいんですよ。

三　ああ、群馬県高崎に本社のある原田・ガトーフェスタハラダだね。2坪あるかないかで、レジ1台の店だけど、12月に1億円の売り上げだと同店で話題になっていたね。同店では、年商65億円のヴィトンを別格にすれば、ナンバーワンになりそうだな。

得　フランスパンが王者に君臨する時代になったわけですね。まさに「生活防衛」がトレンドの時代にふさわしい話題ですね。

NOTE

当時8000円台にあった日経平均についてアナリストの大半が2009年内に1万円台回復は絶対無理としているのに対して、元証券マンの一種の皮膚感覚から私が「1万円は、行く」とキッパリ。自画自賛だが、やはりクリアした。この1年ばかりでアナリストとか経済学者は本当に株を下げたなあと思う。不要論まで出ている。それに引きかえ、「ガトーフェスタ・ハラダ」の人気はいまだに続いており、松屋銀座店の行列は相変わらずだ。一種のブームか。

38

Jan. 9 2009

eコマースのＥＬＬＥ

得田由美子・ＷＷＤジャパン特集担当ディレクター（以下、得）　アシェット婦人画報社が1月15日にグランドハイアット東京で事業説明会を行ない話題になっていますね？

三浦彰・弊紙編集委員（以下、三）　アシェット婦人画報社（仏ラガルデール傘下のアシェット・フィリパッキ・プレス１００％出資）と住友商事が資本提携。「ＥＬＬＥ」を冠にしたｅコマース事業を手掛け、同社が所有するジュピターショップチャンネルなどとメディアミックスをさせるという。しかしよくもアシェット婦人画報社が34％も株式を渡したよなぁ。1月15日付の日本経済新聞によると、金額は50億円程度ということだが、アシェット側が１００％持っていた日本法人の株だからな。自分の右手を差し出すみたいなもので、なぜ別会社を作らなかったの？　って質問したら、それじゃ社内へのシナジーが全くないから、ということだ。

得　脱・出版社を掲げ、２００７年から上坂真人・同社取締役ＣＯＯが陣頭指揮を執ってこの案件は水面下で動いていたようですね。同氏は、元コンデナスト・ジャパン副社長で、齋藤和弘・社長がマガジンハウスから引き抜き、その後アシェット婦人画報社に転職していたんですね。

三　出版社以外からマーケティングマネージャークラスの人材を積極登用しているのも彼の戦略なんだろうな。この提携は壮大な実験なんだろうけど、どれほどシナジー効果があるのか未知数だな。２０１３年に１００億円の売り上げを想定しているが、果たして利益はどれくらい出るのかな。先行投資も10億円単位でかかるだろうし。

得　社名もバブル崩壊後に統合を繰り返した銀行みたいにアシェット住商婦人画報社になったりして。住友商事から取締役2人、そのほかにもかなりのスタッフがアシェットに出向するそうですね。出版業界の人と商社の人って、人種が違うから、同じ会社でうまく行くんですかね？

三　住友商事は、リアル店舗のほかに、ショップチャンネル、ケーブルテレビ、インターネット、モバイル、映画やイベントの事業でマルチチャネルリテールを展開している。ここに、「ＥＬＬＥ」というブランド力をオンするわけだな。

得　「エル・オンライン」の物販が好調だったことから、アシェット側もイケると判断したんでしょうね。このビジネスモデルだと、「ＥＬＬＥジャポン」に広告を出せば、ｅコマースサイトに商品を出品できるというものなのでしようかね？

三　その種のシナジー効果は想定しているだろう。発表会にも出稿クライアントのＰＲ・宣伝マネジャーがかなり出席していたね。住友商事が取り扱っている「マーク ジェイコブス」「ランセル」などはもちろん、メインは「バーニーズ」と連動したラグジュアリー・ブランドの取り扱いではないか。

得　ライセンスで展開している「ＥＬＬＥ」（イトキンなど）の商品も売るんでしょうか？　もともと、「ＥＬＬＥ」は、出版以外でもビジネスに積極的です。フランス企業派はブランドビジネスが上手なんでしょうね。弊紙でも通販ビジネスを特集しましたが（08年12月15日号）、想像以上に市場は大きかったですからね。07年通販市場の売上高は３兆８８００億円、まだまだ伸びそうです。コンテンツ制作のプロフェッショナルが手掛ければ、通販会社は敵じゃないでしょうね。

三　通販というよりもｅコマースだね。この市場は、年10%以上の成長率を続けられる注目ビジネス。小売店が厳しい状況下でも、ネットでの販売売り上げは伸びているからな。

得　特に、20代の利用率は男女問わず圧倒的に高いそうですよ。三浦さんもモバイルでスケジュール管理をするぐらいですから、ネットでの買い物なんかしたりするんですか？

三　馬鹿にするなよ。最近は、書籍購入の大部分はアマゾンからだよ。

得　あら、意外とＩＴ化してらっしゃるんですね。アシェット側は、日本でのパイロットドライブを経て、そのノウハウを他国へ取り入れたいから、住友商事に株式を売却したんでしょうね。この分野では、ヨーロッパはものすごく遅れていますからね。

三　住商側もすでにドイツのオットーとの合弁（住商オットー）解消で株式を売却しているから、その後釜が欲しかったんじゃないのかな。マガジンベースのｅコマースが確立したら、他国での展開も可能だからな。

得　ゆくゆくは、ＥＬＬＥ百貨店として、リアル店舗もできちゃったりして。森明子・「ＥＬＬＥジャポン」編集長が、店長に就任ってことも、あると思います！

NOTE

アシェット婦人画報社は一早く総合メディア企業への脱皮を図っている。この回はELLEのｅコマース事業の話だが、そのパートナーの住友商事へ同社株34%を売却するなど陣頭指導を執っていた上坂真人・ア社取締役COOはその後、ア社を退社してしまう。一体何があったのか今もって疑問。「ヴォーグ ニッポン」を手掛けるコンデナスト・ジャパン副社長から同ポストへ転身した上坂氏だが、その迷走（？）ぶりが日本の出版界の混迷を象徴。

39

Feb. 2 2009

オバマ・ファッション

得田由美子・WWDジャパン特集担当ディレクター（以下、得）　1月20日、バラク・オバマ第44代米国大統領就任式は見所満載でした。弊紙では、ファースト・ファミリーのファッションを詳報しました（1月26日号P.67）。

三浦彰・弊紙編集委員（以下、三）　ミシェル・オバマ大統領夫人のレモンイエローのドレスは、キューバ系アメリカ人イザベル・トレドのデザインだった。彼女を選択した裏には、キューバとの関係が、宥和政策へとシフトするメッセージが込められているという報道もあったな。

得　健康の不安説がささやかれていたキューバのフィデル・カストロ前国家評議会議長も就任式をＴＶで見てオバマの演説に関してコメントしたようですが、さすがに夫人のドレスについてのコメントはなかったようです。キューバ系といっても、移民の活躍ですからね。複雑な心境なんでしょうか。

三　シンデレラ・ブランドになった「イザベル・トレド」だが、トレドは２００６年にジョーンズ・アパレル社傘下の「アン・クライン」のクリエイティブ・ディレクターに就任し、ニューヨーク・コレクションにも登場したことがある。消えていなかったな。

得　20年以上細々（？）とシグニチャーブランドを手掛けていた苦労人なんですよね。とても47歳には見えない若々しさ。そして、旦那さんのルーベン・トレドもイケメンのイラストレーターというアート・カップルです。

三　彼はティファニーのウォールディスプレーを手掛けたり、エスティローダーの香水ボトルのデザイン、ノードストロームのウェブデザインまで手掛けるマルチタレント。今、ニューヨークを代表するＩｔカップルだろう。

得　ミシェルの衣装の話題もカスミそうになったのが、就任式で歌ったアガサ・フランクリンの大きなリボンのついた帽子。

三　ウォールストリートジャーナルでは、この帽子〝ギフトラッピング帽〟なんて評していたな。

得　デトロイトに本拠を置くMr.Song Millineryというショップで、１７５ドルで販売していたらしいのですが、就任式が終わるや否や、翌日の午後までずっと電話が鳴りっぱなしだったそうです。ダラスのショップでは５００個以上売れて、追加生産しようにも素材が調達できない状況のようです。

三　一方で、オバマ大統領が着用したスーツのブランド「ハート・シャフナー・マークス」は、1月26日付のニュースで破産が明らかになった。

得　大統領に選ばれたブランドとして、これから爆発的に売れるはずだったのに、なんとも残念ですね。

三　弊紙の「ファッション・パトロール」欄では、移動中のオバマが「カナーリ」のスーツを着ているのをスクープした写真を載せたこと（11月24日号P.32）もあった。なんかジャストフィットじゃなくて、ダボッとしている感じがするな。最近、コンデナスト・ジャパンの斎藤和弘・社長と話していたら、半ば冗談で次の「ヴォーグ・オム」の表紙は、カニエ・ウエストとファレル・ウィリアムスの2人に、オバマ風ダボスーツを着せて登場させたいなんて言ってたな。いずれにしても「黒」と「スーツ」は今年のメンズファッションのビッグトレンドになりそうだな。

得　しかし今の経済危機は、アメリカでは日本と比べ物にならないくらい深刻ですね。通常なら、就任式後、ご祝儀相場で株価は上がるものなのに、さすがに今回はご祝儀なしで、むしろ株価は大幅に値を下げましたね。

三　NYダウもそうだが、このドル安はなんとかならんものかね。現在の89円はないだろう。米国株もドルもまるで信用されていない。オバマはまさにどん底からのスタートだな。就任式後、ネイバーフッド・ボールで夫人とダンスしていたが、「踊ってる場合かよ」という論評もあった。

得　ファースト・ドーター2人がお揃いのコートを着用した「J・クルー」は、日本ではお目にかかれなくなってしまいましたが？

三　取扱先だったレナウンは昨年取り扱いをやめているからな。残念なことをした。「J・クルー」の現CEOは、GAPの中興の祖だったミッキー・ドレクスラーなんだが、娘たちに「J・クルー」を着せたのはミッキーの「政治力」だったような気がするな。

得　不況の今、バック・トゥー・ベーシックで、「J・クルー」も復活の兆しですね。次女のサーシャが着ていたピンクのコートの素材は尾州（愛知県一宮）で作られたウールピケですってね。同ブランドを日本でもまたやろうなんて企業が出るんじゃないですか？

三　そんな面倒なことをしなくても、メールオーダーすれば買えるよ。

NOTE

2009年を表す漢字一文字に選ばれたのは「新」だ。そのトップを飾ったのが米国でのバラク・オバマ大統領と日本での民主党政権の誕生だ。特にミッシェル・オバマ大統領夫人はそのファッションも話題になって、本連載でも何度か登場している。ファースト・ドーター二人にお揃いの「J・クルー」のコートを着せる感覚は、日本の鳩山由紀夫・首相にも見習って欲しい。あれ、子供いないんだったな。

40

Feb. 9 2009

ユニクロの「強運」とパワー

得田由美子・WWDジャパン特集担当ディレクター（以下、得） 2月1日（日曜日）の朝日新聞の第1面、御覧になりました？「ドバイ熱冷めた」。

三浦彰・弊紙編集委員（以下、三） 読んだよ。まさに「一寸先は闇、板子一枚下は地獄」を地で行ってるな。ドバイは今回の世界経済バブル崩壊のシンボルだな。原油価格が大暴落したのも大きいが、アラブ首長国連邦（ＵＡＥ）の経済基地でもあるドバイから、海外資本が逃げ出しているのがよくわかるな。建設中止の高層ビル群が痛々しく、神の怒りに触れた「バベルの塔」を彷彿とさせる。

得 それはそうと、ファッション業界でもドバイの政府系投資会社のイスティスマールが、２００７年8月にジョーンズ・アパレル・グループから9億４２３０万ドル（現在のレートで約８４８億円、当時約１０９３億円）で買収したバーニーズ ニューヨークを買わないかと、買収を競り合ったファーストリテイリング（ユニクロ）に声を掛けているらしい（2月2日号P.3）ですね。

三 さっそく来たな。２００７年8月当時は１ドル１１６円。今は90円だから為替レートだけでも23%お得。２００４年にジョーンズ・アパレル・グループが米ファンドからバーニーズを買った時は3億９７５０万ドル（同３５７億円余り）だった。今の米国小売業の壊滅的地盤沈下からすると、売却価格は4億ドルという線か。

松下久美・弊紙デスク（以下、松） 当時ユニクロはどうしても欲しい、１１００億円ぐらいまでなら出していいと言っていましたからね。あの時買っていたら今頃大変なことになっていた。それが円高と経済急変で4億ドルで買えるとすれば3分の1ですから。柳井正・会長は本当に「強運」です。

得 でも、バーニーズの日本の権利は住友商事が持っています。例えば、ユニクロが買ったとしてどうなりますか？

三 まあ、ユニクロとしては日本の権利も欲しいだろうが、これは別枠の取引ということだろうな。住商もＥＬＬＥのｅコマース（第38回参照）のこともあるし、簡単には手離さないだろうしな。いずれにせよ、バーニーズがらみで日本企業は右往左往させられてるな。伊勢丹が住友商事&東京海上組に売却する時も、「もう学ぶべきことはない」というのが表向きの理由だったと思うが、賃貸料の不払いをめぐる訴訟もやったし、「なんかいろいろと面倒なことが多くて」が裏の理由だと思う。ちょっと日本企業にとっては「鬼門」かもね。

得 今さら海外のセレクト・ショップから学ぶことなんかあるんでしょうか。やっぱり看板料なんですかね。

松 ユニクロは、「セオリー」のリンク・セオリー・ホールディングス（ＬＴＨ）社の株を１００％買収します（2月2日号P．3）。現在は約32％保有で、持分法適用会社ですが、これで完全子会社化です。ＬＴＨの海外企業買収の失敗、業績悪化を支援した形ですね。発表があったのは1月28日（水曜日）の16時で、その日の終値は10万７０００円。木曜日から買い気配が続いて（1日の値幅制限が2万円）、やっと2月2日（月曜日）に付けた値段が16万７０００円也。出来高は３１８株でしたが抽選で75倍の倍率。ＴＯＢ価格が17万円ですから当たっても儲けにはならないですね。水曜日中に買っていないと。

三 どこに宝物が落ちているかわからんよな。松下君とリッキー（佐々木力・ＬＴＨ社長）さんの30周年記事号用のインタビューに行ったのは、12月19日だった。あの時は柳井社長との美しき「友情」は語っていたが、このＴＯＢのことはオクビにも出さなかったよね？

松 話していたら情報漏洩罪です。勘のいい人なら読めたかもしれませんけどね。まさか、買ってないでしょうね？インサイダー取引ですよ。

三 そんなに勘がイイんだったら……。しかし、70％のプレミアムでＴＯＢ価格17万円は高すぎないかな？

松 昨年の高値が2月28日の27万８０００円、10月28日の8万１７００円が安値ですから、そんなものでは。

三 昨年、柳井社長が12月にテレビ東京の「カンブリア宮殿」に登場して村上龍と話していた時も、昔みたいに山口のファストファッションのオヤジ風じゃなくて、ずいぶんと洗練された印象で話しぶりも自信に溢れている感じだった。スタイリストやトークアドバイザーでも雇ったんじゃないのかな。

松 リッキーさんは柳井さんのセンスが良くなったのは僕のおかげじゃないかって主張してましたよね。

三 スタイリング料も今回のＴＯＢ価格に入っているのかな（笑）。しかし、当面はユニクロの天下が続きそうだ。

NOTE

この連載に登場する回数では「ユニクロ」はダントツだろう。今回取り上げられている朝日新聞第１面記事の「ドバイ熱 冷めた」はさすが。その後、2009年秋には「ドバイ・ショック」と呼ばれるドバイの金融危機が勃発し、景気は二番底をつけるのではないかというところまで深刻化した。しかし、ここ2年ばかり、「ユニクロ」というか柳井正・会長は強運だな。悪いことはみんなヨケていく。

41

Feb. 16 2009

「グラマー」日本版創刊中止

得田由美子・WWDジャパン特集担当ディレクター（以下、得）　コンデナスト・パブリケーションズ・ジャパンが今秋に創刊予定だった「グラマー（仮）」日本版が創刊中止になりました（2月16日号P.3メモ欄）。

三浦彰・弊紙編集委員（以下、三）　いやあ驚いたな。2月9日のコーチ・ジャパンの新オフィス披露パーティ（同号P.27）にも、斎藤和弘・社長、北田淳・副社長を始め、「ヴォーグニッポン」の渡辺三津子・編集長、「グラマー（仮）」日本版の軍地彩弓・編集長も顔を見せていたからな。軍地さんに「どう、『グラマー』は順調？」って尋ねたら、「余裕ですよ」と笑顔で答えていたな。

得　つまり、この事態は、少なくとも2月9日の夜以降に発生したということですね？

三　そういうことだ。2月10日に、コンデナスト・アジア・パシフィック担当責任者のジェームス・ウールハウスが香港から急遽来日して、斎藤社長に中止を申し入れたということだ。日本サイドではビジネスプランもパーフェクトで、あとは本国のアプルーバルを待っている状態だったという。

得　弊紙の1月12日号、「２００９年飛躍するこの業界人に注目せよ」でも軍地さんが登場して、「出版不況？　新しいポリシーの雑誌創刊には、むしろ絶好のタイミングだと思っています」と語っていましたね。

三　「グラマー」日本版は、4年前から創刊が検討されていた。大手広告代理店2社に依頼して、「アルーア」と「グラマー」の2誌（いずれもコンデナスト・グループの女性誌）について、かなり綿密なマーケティング調査を行なっていて、「グラマー」の方にゴーサインが出た。昨年5月に「グラマラス」（講談社）のファッション・ディレクターだった軍地さんを編集長としてスカウト。11月にはパイロット版第1号を制作している。3月にはパイロット版第2号が登場予定だった。

得　軍地さんは「グラマラス」をなんとか一本立ちさせた立役者のひとりとして評価も高くて、昨年の移籍も注目されていましたけれどもね。パイロット版はかなり好評だったようですね。

三　斎藤社長も、「若い女性を中心にした聞き取り調査だが、こんなに事前の感触のイイ雑誌はないんじゃないか」と自信を見せていた。「成功確率は相当に高い」とも。まあ、ここ5年ばかりで、新創刊で成功した雑誌は日本ではほぼ皆無。いくら事前調査が良くても、成功確率は50％以上はないと思うけれどもね。

得 もう事前の投資だけでも軽く2億～3億円使ってると思いますが。じゃ、なぜ創刊中止なんですか。

三 まあ経済環境の想像を絶する厳しさという以外にないな。聞くところによると1000万ドル（約9億円）以上の投資は中止するという通達が全世界の現地法人にあったらしい。

得 コンデストって大出版社で、大した金額には思えないですけども。日本には現地法人が2つあってコンデナスト・パブリケーションズ・ジャパンは「ヴォーグ ニッポン」と「ヴォーグ オム ジャパン」（年2回）、もうひとつのコンデナスト・ジャパンは「GQジャパン」しか発行していませんよね？

三 たしかに、月刊2誌だけでは、本格的な出版社とは言えない。「ヴォーグ ニッポン」は今年10周年でかなりの利益を生み出す媒体になり、「GQジャパン」も利益体質を確立しつつあるので、第3の月刊誌ということで、「グラマー」日本版の発行を考えていたのだが、本国の決定は絶対だからな。

得 弊紙の2月2日号P.14を見ても、2009年第1四半期の米国主要雑誌の広告ページ数の前年比を見ると「アルーア」65％、「ヴォーグ」72％、「グラマー」78％、「W」60％。他の雑誌もこんなもんですが、アメリカは本当に厳しいですね。本国では昨年「メンズヴォーグ」が休刊して、「ヴォーグ」本体に吸収されていますね。

三 村上啓子さん（前「ハーパース・バザー」日本版編集長）が「ヴォーグ ニッポン」の編集長として、集英社から転職した時（03年）も、編集方針（特に日本人デザイナーの扱いやファッション・シューティングに関して）が合わず、本国の「鶴の一声」ですぐに更迭されたと聞く。

得 ところで、軍地さんを始めとした「グラマー（仮）」日本版のスタッフはどうなるのでしょうか？

三 ハシゴをはずされたみたいなものだからね。ドラスティックな整理はしないと聞いているが。

得 しかし、成功の確率が高かった「グラマー」日本版が創刊中止ということになって、他の出版社で予定されている新創刊に衝撃が走っているでしょうね。

NOTE

この事件に限らず、2009年にはコンデナスト・パブリケーションズ・ジャパンに関する話題が多かった。年末の斎藤社長の退社は、この事件が直接的な原因だったと思う。海外出版社の日本法人社長ともなると高給の代わりにストレスまみれの毎日を送っているのだろう。医者から「そんなにストレスがあるなら、むしろ禁煙は毒です」と医者から忠告されたと斎藤社長は語っていた。今年後半はたしかにパーティの喫煙所でよく会った。

42

Feb. 23 2009

「エスクァイア日本版」休刊

得田由美子・WWDジャパン特集担当ディレクター（以下、得）「エスクァイア日本版」が5月24日発売の7月号をもって休刊になります。先週の「グラマー」創刊中止に続いて出版業界にまたまた衝撃が走っていますね？

三浦彰・弊紙編集委員（以下、三） 溜息が出ちゃうな。発行しているエスクァイアマガジンジャパン（以下、ＥＭＪ）の親会社はＣＣＣ（カルチュア・コンビニエンス・クラブ）。レンタルのTSUTAYAと言った方が早いだろう。今年の5月期本決算では連結で２５００億円の売り上げに達する東証1部上場企業。最近もグループ企業を統合し本社一元化を進めると発表。今回の決定もその流れだろう。

得　出版事業は赤字だったんですか？

三　このご時世でも黒字なら休刊はしないだろう。本国サイドの意向で創刊中止になった「グラマー」と違って、今回の場合は異業種の親会社の意向。いずれにしても、本国とか異業種親会社とかファンドが入り込んでくると出版社にとって「独立性」や「出版文化」云々なんて絵空事みたいなもんだな。

得　カルチャーはコンビニエントでなきゃということでしょうか（笑）。「エスクァイア日本版」は、米国ハースト・マガジンズ・インターナショナルとのライセンス契約で発行されているんですよね？

三　「ヴォーグ」を発行する米国コンデナスト式に現地法人を作って直轄統治するのではなく、ハーストの場合はライセンス契約が基本で、その分チェックもユルく、各国サイドは自由裁量で編集しているのが特徴だ。

得　「ハーパース・バザー日本版」もハーストとのライセンス契約です。

三　女性誌の「バザー」、男性誌の「エスクァイア」がマガジンでは2枚看板。ハーストグループは本来新聞がメインだけれどもね。

得　それじゃ、「バザー日本版」を実質的に出版しているＩＬＭ（インターナショナル・ラグジュアリー・メディア）社に「エスクァイア日本版」が移るなんてこともあるのでは？

三　ありえないな。今どきそんな余裕がある出版社なんてまずない。

得　ＥＭＪは、女性誌の「ディア」を２００７年9月に創刊しましたが、昨年4月に休刊していますね。

三　ＣＣＣは会員３１３７万人を擁し、そのネットワークを使えば、従来とは違う販売形態を構築できるのではないかという目算があったはずで、「エスクァイア」に続く、女性誌を創刊したが、雑誌のコンセプトも曖昧だったが、群雄割拠の女性誌市場では、まるで歯が立たなかったようだな。そうこうするうちに出版市場がとんでもない非常事態になってしまって、親会社サイドも見限ってしまったということなんだろうな。最近発表されたＣＣＣの２００８年４～12月の連結決算では最終利益が前年同期比53・５％増の69億８９００万円で年間配当を７円から８円に増配。９期連続の増配と業績は絶好調。赤字の出版事業を続けても大した問題はないのに、非情の決断だな。

得　メンズ雑誌の中で「エスクァイア日本版」はかなりインテリジェンスを感じさせる内容で、評価は高かったと思いますが？

三　このゾーンでは、老舗の「ブルータス」（マガジンハウス）に加えて「ＰＥＮ」（阪急コミュニケーションズ）が勢力を伸ばしているし、「ＧＱジャパン」（コンデナスト・ジャパン）もある。ピーク時には広告が年間10億円を超えていたと聞いているが、バブルが弾けて、広告は相当減っているな。

得　昨年末には、「ディア」の編集長も兼務していた富川淳子氏が退社し、友永文博氏が「エスクァイア日本版」の編集長に就任し、元「エスクァイア」編集長だった林聖氏が社長に昇格、前社長だった三宅恭弘氏は、ＣＣＣに戻り現在社長補佐です。

三　勘繰ればキリはないけれどもね。

得　でもＥＭＪは、「エスクァイア」以外にも、富裕層向け会員誌の「デパーチャーズ」や靴専門季刊誌の「LAST」なども出版しています。

三　「エスクァイア」の派生商品なんだろうけども、それなりに評価はあった。でも社名にも冠した雑誌がなくなるのだから、ＥＭＪは消滅してＣＣＣの一事業部に編入なのでは。

得　「インビテーション」（ぴあ）、「カワイイ！」（主婦の友社）も休刊が決まり、最近急に悪いニュースが多くなりましたね？

三　２月、３月は広告営業にとっては稼ぎ時。ここで広告がとれないようではと休刊に踏み切っているのかな。

NOTE

これで海外系のメンズ雑誌は「GQ ジャパン」だけになった。寂しい限りである。親会社の不採算見直しという「鉄の論理」の前には、一切の例外はないということなのだろう。こんな厳しい御時世では、雑誌文化の良き理解者が必ずしも発行人になるというわけにはいかないのか。雑誌の休刊、出版社の破綻、消え続ける書店など、それを時流に乗り遅れた結果と簡単に済ませていいものなのか。

43

Mar. 2 2009

「ナンバーナイン」廃業

得田由美子・WWDジャパン特集担当ディレクター（以下、得）　丸井今井をめぐる三越&伊勢丹と高島屋の買収合戦や大丸の松菱（浜松市）跡への出店断念、心斎橋そごう跡を約３７０億円で大丸が取得など、百貨店再編をテーマにする予定だったのですが、「ナンバーナイン」廃業のニュースが飛び込んできました（3月2日号P.3）。「ナンバーナイン」が店を出しているニューヨークからの手紙による通知でした。差出人名はアレキサンダー・スーパートランプ。映画「イントゥ・ザ・ワイルド」（ショーン・ペン監督／２００８年公開）の主人公です。自分探しの旅に出てアラスカで野垂れ死にする人物です。デザイナー兼社長の宮下貴裕が今の気分を表現しようとして使った名前らしいですよ。

三浦彰・弊紙編集委員（以下、三）　宮下君らしいな。以前から言われている「心の病」が原因なのかな。まさか放浪の旅に出て、野垂れ死にするつもりじゃないだろうな。

得　編集部でも本人に連絡を取ろうとしたのですが、海外に行ってしまって、行方不明みたいな感じのようです。会社（クークス）のホームページでは社員募集を現在もしていますよ。

三　全く会社の体をなしていないな。放り出された社員はたまったもんじゃないね。勘繰れば、ブランド名通りに彼は「9」にこだわる男。たとえば２００１年11月の東コレは11月19日の午後9時9分にスタート予定だった（実際はかなり遅れた）。今年は２００９年で、なんか期するところがあったのかもしれないな。復活はないだろう。ある意味無責任にデザイン活動を放り出したわけで、まともに論じる価値は本来ないのだけれどもね。

得　ビジネスはどうだったのでしょう？

三　ビジネスはそこそこだったと思うし、この不況で急にビジネスが難しくなったということはないと思うが。

得　最近では、夫人の妊娠が原因でブランドを休止した「グリーン」、育ててもらった会社を辞めて自分のブランドを4月に開始する森下公則、ちょっと逆上るとスポンサーとのトラブルからデザイン活動を休止した「ナイーマ」の柳田剛など、若手デザイナーをめぐる話題は多いですね。

三　一言で言うとみんなビジネス基盤が脆弱であるか、しっかりしたビジネスパートナーがいなかったのが原因。

得　「ナンバーナイン」はファンが多かったですよね？

三　意外かもしれないけれど、個人的には私も秘かにファンだった。伏し目がちにノロノロ、フラフラと暗いランウエイを歩くモデルは「ひきこもり」ファッションの元祖みたいな感じだったな。また、ロックテイストファッションというのはすでに確立されたジャンルだが、宮下君の場合は、もっとモロにロッカーへのオマージュという形でショーが構成されていた。

得　ショーの直近に亡くなったミュージシャンというのがよく取り上げられていましたよね？

三　ザ・クラッシュのジョー・ストラマー（2002年没）とかザ・ビートルズのジョージ・ハリスン（2001年没）などをテーマにした時は完全に追悼ファッション・ショーの趣だった。

得　デザイナーの中学生時代のヒーローだったガンズ・アンド・ローゼス、レッド・ツェッペリンなども取り上げられていました。

三　でも何といっても、「ナンバーナイン」と言えば、ニルヴァーナ＝カート・コバーンがほとんど同義語みたいなもので、「ニルヴァーナ・ナイン」なんて私は呼んでいたけれども。

得　そう言えば、廃業告知の手紙の日付は2月20日。カート・コバーンの誕生日ですね。なんか全てが因縁めいていますね。過去を捨てて新しい人生を始めます、の意味ですか。

三　2003年4月の東コレで、デカメガネをかけたモデルがネルシャツにカーディガンひっかけてランウェイに現れた時は、ドヨメキと拍手が起こったのを今でも鮮烈に覚えてる。カートの代名詞とも言うべき出立ちだったからね。あの頃の東コレはたしかに独特のオーラがあったな。

得　その後カートは猟銃自殺して、夫人だったコートニー・ラブは、最近、前「ディオール・オム」のデザイナーだったエディ・スリマンをカメラマンにして写真集を出していますね。エディはすでにアーティストになりきっていて、デザイナー復帰もないのでは。なんか宮下さんもそういう感じになっちゃうのでしょうか？

三　サッカーの中田英寿みたいに、本業をやめて「旅人」や「アーティスト」になるのが現代の男たちの究極のトレンドなのかな。

NOTE

「自分探しの旅」というのも困ったものだ。サッカーの中田英寿を始めとして急に「現役」を引退するのが一種のトレンドになっているようだ。「ナンバーナイン」はある意味で最も現在の日本を象徴するブランドだと思っていたが、突然の廃業宣言というのも現代日本的と言えるだろうか。「持続する」ということの重要性を彼等に説いても無駄なのだろう。そういう「刹那性」が彼らの本質なのだから。

44

Mar. 9 2009

百貨店2月度売上速報

得田由美子・WWDジャパン特集担当ディレクター（以下、得）　お天気もそうですが、ファッション業界でも寒い話題が多いですね。百貨店の2月売上速報が発表になっていますが、その中でも大丸の旗艦店とも言える心斎橋店の前年比が74・7%。厳しいですね。

三浦彰・弊紙編集委員（以下、三）　前年が、うるう年だったからとか、前年2月末に「うふふクラブ」カード最終販促によるかさ上げがあった反動とか理由が挙がっているが、こんな前年比、バブル崩壊直後（90年～92年）でもあったかな。それにしても「うふふクラブ」とは関西の百貨店らしい命名だな（笑）。

得　笑ってる場合じゃないですよ。J・フロントは心斎橋店の隣のそごう心斎橋店を最近370億円で買収しましたが、どう使うんでしょうね？

三　大丸心斎橋が大阪府の歴史的建造物に指定されるほど古い建物だから、2つのビルを連結するということもできないだろう。これだけメンズウエア市場が悪いと、メンズ館構想というのもなんだし、ブランドのバッティングは少ないから、そのまま営業ということもあるな。

得　これだけ厳しいと百貨店業界は色々な手を打ってくると思いますが？

三　これまで売り上げを作るために、営業時間の延長や営業日を増やしてしのいで来たのだが、これだけ数字が上がらないと、むしろ経費率は限界。延刻をやめる百貨店も出ている。例えば、三越の日本橋店と札幌店は閉店時刻を午後8時から7時に変更。暖房、エレベーター・エスカレーター、ラグジュアリー・ブランドなら恐ろしくかかる照明費、そしてなによりも人件費がバカにならないからね。しばらくは均衡縮小モードに入らざるをえない。

得　ベンダー（納入業者）との条件交渉も激化しそうですね？

三　百貨店も悪いが、納入業者も苦しんでいるからな。でも、好条件で入っているラグジュアリー・ブランドについては、見直しがあるかもしれない。

得　大物では、「シャネル」が小倉井筒屋店を閉め、伊勢丹新宿店3階の「ドルチェ＆ガッバーナ」も閉店しましたね。

三　「ドルガバ」は昨年春に新宿高島屋で再び店舗展開を始めているから、そうした兼ね合いがあるのかもしれないな。同ブランドもこの10年間ばかり、イタリアブランドの代表格として大きく成長して、特に日本ではアルマーニに肩を並べるような存在になっているけれど、さすがに安定勢力になって、新鮮な魅力というのは無くなった感じだな。伊勢丹本店は、2月から3階で、新宿高島屋にも出店している「ロロ・ピアーナ」「アクリス」の展開を再開している。両店はなにかとツバ競り合いをしているな。

得　昨年6月に開通した副都心線の好影響が両店とも期待されていましたが？

三　ほとんど影響はなかったな。ただし、伊勢丹新宿店と新宿高島屋が地下でつながって、「雨に濡れずに商品が移動できるようになった」と納入業者には好評みたいだがね。

得　松屋銀座に「プラダ」が登場すると聞きましたが？

三　6月頃に、メンズ、レディス、雑貨を含めて2階に100坪級で登場するらしい。

得　じゃあ、中央通りにある路面店はどうなるんですか？それに銀座三越でも「プラダ」はハンドバッグ売っていましたよね？

三　両店ともなくなると聞いている。「プラダ」は銀座一丁目の「ダンヒル」路面店隣のビルが工事中で、そこに入ると言われていたのだが、「実」を取ったということだろうな。こんな状況でも、「プラダ」はまだまだ前年並みの売り上げがとれるブランドで、取引条件もかなり良いはずだから、路面店で高い家賃を払うよりは、百貨店でデカ箱展開した方が得策という判断なんだろうな。プラダ社は、今年こそ上場する腹づもりだしね。もう3回目か4回目かの上場宣言で、狼少年みたいになっているが、いかに株式市況が悪くなろうとも決行するという話だが。

得　ラグジュアリー・ブランドの不景気対策と言えば、グッチ・グループ傘下の「ベダ」が、マレーシアを拠点にする時計・宝飾企業に売却されます（3月2日号P.3）。

三　不採算ビジネスの売却はすでに示唆されていたが、いよいよ現実のものになった。不採算事業はまだまだあるからどんなことになるのか注目だ。グッチ・グループに限らず、今後ブランドコングロマリットではシビアな決断がなされていくだろうな。それほど現状は予想以上の厳しさだから。

NOTE

大丸心斎橋店の２月の売上高が前年比74.7%というのは、１年近く経過した今振り返っても驚くような数字だ。伊勢丹新宿店３階の「ドルガバ」店が閉店するなど、ラグジュアリー・ブランドの売り場の再編が始まっている。同店では2009年秋に「イヴ・サンローラン」店も閉店。ブティックを維持できる坪効率が確保できないということだろう。代わりに有力ブランドをミックスした平場が売り場を広げている。なおプラダは09年も上場せず。

45

Mar. 16 2009

「ギャップ」銀座・原宿大作戦

三浦彰・WWDジャパン編集委員（以下、三）　前号（3月9日号）で、「ギャップ」の銀座及び原宿での新・大型旗艦店オープンが明らかになった。銀座店は「ルイ・ヴィトン」が銀座3店目をオープンしようとしていたヒューリック数寄屋橋ビル（仮称、みずほ銀行跡地）に決定したので話題になっている。ラグジュアリー・ブランドの失速と、ファストファッション・ブランドの攻勢という構図で語られている。

松下久美・弊紙デスク（以下、松）　ヒューリックビルは地下4～地上12階あり、「ヴィトン」はほぼ1棟丸借り予定だったのですが、「ギャップ」は1～4階で、店舗面積は2061㎡になるようです。メンズ、レディス、ベビー、キッズに加え、今秋から新たに日本に導入する「ギャップボディ」という、インナーや部屋着、スポーツ系ウエアなどをコーナー展開します。海外では男性モノも販売していますが、日本ではまずは女性モノだけです。

三　不動産や店舗開発の関係者の間では、1棟丸借りが条件らしいといわれていたから、驚きの声もあるようだな。

松　ええ。「ギャップ」は相当高額で入札したようですよ。2位だったと言われる「ユニクロ」との差も大きかったようです。同時期に中央通りのギンザ・コマツ跡（開発：三井不動産）でもほぼ同じメンバーで入札があったようです。とすると、「ユニクロ」が移転する可能性も!?　「ユニクロ」は新宿西口のさくらや跡地に大型店を4月末に出店する計画もあります。地下1～地上4階で、売り場面積は銀座店を上回る1900㎡といわれています。求人サイトなどでは「ユニクロ史上最大のプロジェクト!?」とか「『新宿西口店』はこれまでのユニクロ、そして世の中の常識を変える〝新プロジェクト〟です。話題でいっぱいの巨大ショップを成功させるオープニングメンバーを大募集！」なんて書かれています。ちなみに、「ギャップ」「ユニクロ」とも揃ってマルイシティ新宿に出店するようです。

三　「ギャップ」は銀座東芝ビル内のモザイク銀座阪急（H2Oリテイリングが開発・運営）に2層・売り場面積1286㎡の店がすでにあるだろう?

松　その東芝ビルが建て替えになるんです。「銀座に店舗がなくなる！」なんて、世界最大の売上高を誇る衣料品専門店にとって、あってはならないこと。代替地探しは切実な問題でした。ただ、また問題が持ち上がっています。東芝ビルとその敷地は２００７年9月、東急不動産が、同社が組成したＳＰＣ（スペードハウス）を通じて１６１０億円で買収した。銀座のランドマークのひとつですが、１９３４年に建設されたもので、老朽化していますし、当然、大型複合ビルへの建て替えを前提にした取得でした。それが、この空前の金融不況、消費不況で計画が中断。ビルの営業が継続するとなると、「ギャップ」はすんなり撤退できるかどうかわかりませんね。

三　「ギャップ」にとってモザイク（当時は銀座数寄屋橋阪急）は、日本1号店であり思い入れもあるだろうが、モザイク、つまり阪急百貨店のテナントとしてマタ借りしている状態よりも、多少家賃が高くても、大型直営路面店に移転するというのは当然の選択だ。でも、銀座の賃借料は下がり気味だと言われているが、入札だとかなりの高額になったはず。１～４階で平均月坪家賃は10万円前後、６２５坪で月間家賃総額は６０００万円というところかな。家賃比率20%を損益分岐点としても、売上高は月に3億円、年に36億円が分岐点と予想される。

松　「ユニクロ」銀座店が25億円前後、昨年9月にオープンした「H&M」銀座店が年商50億円いくのではと見られていますから、可能な数字でしょう。

三　現在の「ギャップ」原宿店は、表参道と明治通りの交差点という絶好の立地にあるが、10年間の期間限定で来年1月に閉店予定だ。その移転先は、原宿駅前のコムサストアや、回転寿しの柿家鮓（かきやすし）などが入っていたビルだ。これが、今年11月にオープン。原宿駅前っていうのはどうなんだろう？　今の店舗があまりにも好立地だからな。

松　東急不動産による原宿交差点の新設物件は、奪い合いになりそうですね。

三　ギャップ社は今年、創業40周年を迎える。１月31日に終了した２００８年度の通期決算も、前年比92%と減収ながら、経費削減で最終利益は同１１６%と増益だった。日本では「ギャップ」で約６７０億円、「バナナ・リパブリック」で約１００億円の計７７０億円程度のビジネス（弊紙推定）。特に「ギャップ」ブランドのポジショニングは明らかに上がっている。今回の銀座・原宿の２大プロジェクトもその自信の表れなのだろう。

NOTE

一口にファストファッション（FF）と言ってもいくつかのカテゴリーがある。大きくはトレンド追従型とシンプル&ベーシック型に２大別される。「ギャップ」は後者でテイストがアメリカンカジュアル型。日本上陸は95年で、その後紆余曲折はあった。が、デフレ経済下でのFFブームにのって攻勢に転じている。現在の表参道と明治通りの交差点にある店と原宿駅前ではどっちが売るか。

46

Mar. 23 2009

「ユニクロ」とジル・サンダー女史

松下久美・ＷＷＤジャパンデスク（以下、松）　「ユニクロ」がジル・サンダー女史（65）とコンサルティング契約を締結（3月23日号P.23）。3月17日に記者発表会がありました。ＷＷＤ　ＮＹ版がその日、3月17日の朝刊で表紙から報じています。東京在住のアマンダ・カイザー特派員による記事です。また日本経済新聞が同日夕刊の3面で紹介しています。

三浦彰・弊紙編集委員（以下、三）　2月10～13日にパリで開かれた素材展「プルミエール・ヴィジョン」に現れたジル・サンダー女史にＷＷＤ　ＮＹのパリ支局の記者が接触した時に話が出たようだな。我々にも「この件を調べて欲しい」とのメールが来ていた。記者会見が行なわれた3月17日の午後4時以降が記事露出の条件のはずだから、両紙ともフライングかな（笑）。解せないのは17日に「ユニクロ」を手掛けるファーストリテイリング（以下、ＦＲ）の株が9％急騰したこと。誰が買ったのかな？　私じゃないからね（笑）。

松　それにしても、ジル・サンダー女史と「ユニクロ」という組み合わせは、久々のサプライズ・ニュースでしたね。

三　ミニマリズムをベースに最高のクオリティを追求する彼女の服は、当然価格もラグジュアリー・ブランドの中でも群を抜いて高かった。それとファスト・ファッションの雄の「ユニクロ」の結びつきだから、確かにサプライズではある。でも、もうそういう「境界」はなくなってしまったな。昨年の「H&M」と「コムデギャルソン」がそうだったように。

松　サンダー女史には、ほかにスカウティングの話や噂はなかったんですか？

三　ギャップ・ヨーロッパやエルメスなどから話があったと噂されていたが、実現はしなかったようだ。彼女と「エルメス」ならお似合いのカップルということになるだろうけれど、もうそういう時代ではないということなのだろう。それだけファスト・ファッションがパワー（売り上げ&利益）を持ち、ファッション市場の中で完全に地位を固めたということだろう。有名・無名を問わず、デザイナーが職を得ようとしたら従来はラグジュアリー・ブランドが第一候補だったのだろうが、これからはまずファスト・ファッションを探せということになるのかな。完全にマーケットのパラダイムがチェンジしたことを象徴する出来事だ。

松　彼女は会見でも、「ユニクロ」の価格帯を「デモクラティック・プライス・レンジ」と英語で言っていました。「H&M」でも自分たちの商品や組織を「デモクラティック」と呼んでいましたね。これ、今後のキーワードですね。地位を確立したファストファッション・ブランドは、自分たちを「早い、安い、オシャレのファスト・ファッションです」とは自称せず、自らがやっていることは、「ファッションの民主化」であるというわけです。「ファッションの大衆化」という安っぽい言い方も適切ではないですからね。

三　消費者がラグジュアリー・ブランドと「ユニクロ」「ギャップ」「H&M」をコーディネイトするなんて当たり前。「境界」はまるでない時代が来たね。そう言えば、2001年に日本ファッション・エディターズ・クラブに選ばれて揃って受賞した柳井正・FR会長と当時「グッチ」のクリエイティブ・ディレクターだったトム・フォードのツーショットを表紙にして「ダブル・エッジ」とコピーをつけたら、「グッチ」から大目玉をくらったことがあった。あれからわずか8年で、この変わり様だよ。

松　17日の会見後のマスコミ謝恩パーティで柳井会長が、サンダー女史に注目したのは、照代夫人がサンダー女史の大ファンでよく着ていたこともあるかなって答えていたのが微笑ましかったですね。照代夫人は当日はグループ傘下の「ヘルムート・ラング」を着ていましたが。

三　まさか、次はラングがデザイナー復活、なんてことにならないだろうな（笑）。ヴィオネとかスキャパレリなどのアーカイブデザイナーメゾンを再興するのが一時、トレンドになりつつあったが、ジバンシィやウンガロなどの引退デザイナーはともかく、50代、60代で、過去に一時代を築いたデザイナーがカムバックするケースが今後出てくるかもしれない。これだけ今季80年代フィーバーしているのであれば、80年代シルエットを完成させたクロード・モンタナでも引っ張り出そうという動きがあっても不思議じゃない。

松　その時も、やはりファストファッション企業が動くということですか。

三　主役が代わって、しばらくはそういう風に業界は動いていくのだろうな。17日のパーティでも、ファッション系、ライフスタイル系の雑誌編集長がズラリと揃っていたものね。昔じゃ考えられなかった。

NOTE

これもファストファッションの攻勢を物語る話だ。奇しくも1年前にオンワードホールディングが「ジル・サンダー」を買収していたのだから、お互いにグローバル企業を目指しているとは言え、ある意味仁義なき契約である。大手アパレル同士だったら、まずあり得ない話である。少なくとも事前に了解を取りに行っているだろう。サンダー女史と柳井正、純粋な理想主義同士の組み合わせて衝突もありそうだが、現時点では2シーズン目に入っている。

47

Mar. 30 2009

パリコレをめぐる波紋

三浦彰・弊紙編集委員（以下、三）　東京コレクション期間中だが、各会場で2月18日の朝日新聞夕刊社会面に掲載された「プレタポルテショーパリコレにもう不要」の見出しで掲載された記事（高橋牧子・編集委員が執筆）が話題になっているな。今回のパリコレ期間中に、この記事をめぐって、朝日新聞の単独インタビューに対してそのように発言をしたフランス・オートクチュール・プレタポルテ連合協会のディディエ・グランバック会長に、日本のマスコミから取材が殺到したらしい。

麥田俊一・弊紙ファッションディレクター（以下、麥）　そのようですね。私も3月12日にインタビューしました（3月30日号P.14）。

三　我々より先に繊研新聞が3月16日号第1面で「パリコレは残る」の見出しで、小笠原拓郎・記者が「ショーが不要だというのは真意ではなく、テクノロジーの変化に合わせて見せ方や見せる時期をブランドが選ぶ時代である」とのグランバック発言を記し、「一部で報道のあった『パリ・コレクションのプレタポルテのショーはもう必要ない』を完全否定した」と書いている。グランバック会長、高橋女史、小笠原氏のいずれが正しいのか？　芥川龍之介の「藪の中」みたいだな（笑）。しかし、パリコレの主催者が「プレタのショーは不要」って、魚屋が「刺身はもうイイ、カマボコや魚エキスの錠剤がイイヨ」って言ってるみたいなもんでね。高橋女史に「こんなことグランバックが話すの？」って、率直に聞いたら、「たしかにそう発言しました。ただし、夕刊の社会面でスペースの関係もあり私の原稿は縮められた。また見出しは私がつけたのではなくて社会面の担当」とのこと。夕刊とは言え、朝日新聞の社会面といえば影響力は大きい。現に、朝日のグランバック発言を前提にして、モノを言い、モノを書いている人達もかなり見受けられるからな。で、実際にインタビューしてどうだった？

麥　もちろんグランバックがパリコレ（プレタ）を否定するわけはないですよ。現在の形のパリコレは絶対必要。3度念を押しましたから。グランバック発言は、ランウェイショーでは雑誌などに広告を打っているビッグブランドだけがクローズアップされる傾向が強く、広告と関係ないクリエイションが無視されるのであれば、ショーそのものの存在意義が薄れる、ぐらいのニュアンスのようです。朝日の記事は、そのあたりをデフォルメしたのでしょうが、もしそのために注目されたのなら、それはそれで狙い通りなのかもしれませんね。

三　朝日は一般紙だから、ファッションに関して理解がないなあというより、確信犯的ということかな。高橋女史は、2007年に繊研新聞からスカウトされて朝日新聞に転職したのだが、その古巣の繊研新聞が「一部報道を完全否定」とやったから外野席的には面白い話だったがね。それにしても君子豹変す、じゃないが、グランバックも役者だな。朝日に対して抗議する気もないらしいな。パリコレ会場では高橋女史にウインクして「あの記事ありがとう」みたいなことを言っていたという話もある。

麥　私の真意は、この本（昨年出版した「Histoires de la mode」）に書いてあるから読みたまえ、とのことでした。

三　ああ、英文版、中文版は出版されたが、日本版は出なかった本だね。ミュグレー社社長から転身した人物だが、煮ても焼いても食えないね。どうも日本はコケにされている感じがするな。しかし、ニューヨークでは、ファッションショーに有料で一般消費者を入場させてはどうか？（3月2日号P.23）みたいな議論も出始めるなど、この大不況下であまりに金がかかるランウェイショーに対する見直し論議も出始めている。今回のグランバック発言をめぐる波紋も、本質的にはそのあたりに端を発している。

麥　パリコレに関して言えば、次の10月は日程が1日短縮、8日間の会期に戻されるし、会場についても、現在の主会場のルーヴルから一部13区に移す計画もあるらしいですね。

三　いずれにしても、ビッグブランド中心に運営がなされていることは事実で、中小のブランドや新進は刺身のツマみたいな感じもしているからな。

麥　グランバックの発言の背景には、プレタの中でもいわゆるハイプレタに位置するものは、かなりブランドも減って寂しくなったオートクチュール期間にずらして盛り上げを図ろうという意図が見え隠れしますけれどもね。

三　いずれにしても、オートクチュールも含めてパリコレには近い将来何らかの動きが出て来そうだな。

NOTE

パリコレを始めとしたいわゆるコレクション・ウィークはどの国でも曲がり角に来ている。パリコレの最高実力者のグランバック会長の発言「パリコレはもう不要」を朝日新聞社が見出しから書いたからさあ大変という珍事。たしかに、ファッションの王座はオートクチュールからプレタポルテへ、そしてファストファッションに移るのではないかという意見もある。プレタの存在意義とは何なのかを問い直させる「失言」（?）と「誤報」（?）である。

48

Apr. 6 2009

東京コレクションあれこれ

三浦彰・弊紙編集委員（以下、三） やっと東京コレクションが終わったな。あれ？　菅君がなんでいるの？

菅礼子・弊紙記者（以下、菅） 得田（由美子）さんが退社して香港に行っちゃって、三浦さんが寂しそうにしているので、代わりに初登場です。東コレはまだ終わってませんよ。4月7日には、三浦さんが大好きな「ノゾミイシグロ」がショーを開催します。

三　「ノゾミイシグロ」、好きなわけじゃないけど、ファッションは一部の富裕層のものだけじゃないぞ、俺たちにだって「ファッションする」権利はあるというテイストが、本当に少なくなっちゃってるんで、貴重な存在なんだよ。パンクはロックテイストに薄められ、グランジもコギレイカジュアルに取り込まれちゃう。しかし、俺はメチャメチャやるぞっていう……。わかるかな、菅君に。

菅　またそうやってバカにするんだから。パリコレで言うと、ウチの表紙にもなったアレキサンダー・マックイーンのオートクチュールに噛み付く反逆ファッションというやつですね。

三　マックイーンのお父さんは、ロンドンのタクシー・ドライバーだったというのは知ってる？

菅　え、そうなんですか？

三　一種のルサンチマン（階級的嫉妬）が底流にある。やはり、お父さんが配管工だったジョン・ガリアーノにも同様のことが言えるんだが。

菅　でも、ガリアーノは「ディオール」のプレタもオートクチュールも手掛けていますよね？

三　そこが面白いのよ。だから新聞紙柄のオートクチュールが出てくる。そのあたりの葛藤というのがガリアーノの真骨頂なわけで。

菅　新聞紙といえば、ＪＦＷの最終日（3月28日）のトリをとった「リトゥンアフターワーズ」もペーパーファッション（紙で作ったファッション）でした。

三　「布地代も捻出できないほどカネがないので紙でやってみました。時間だけはたっぷりあるんで手間・ヒマかけてみました」ということでああいうのが出て来たと、まさか思ってないだろうね？

菅　そこまでおバカじゃないですよ。布では表現できない質感やボリュームということですよね。コンセプチュアルっていうんですか？

三　今までこういうのがないわけじゃない。初期のマックイーンやフセイン・チャラヤンなんかに似たのがあったかな。出てくると面白いが、ちょっと古っぽい感じがした。

菅　展示会が今週ありますけど、ちゃんとした洋服が出てるんでしょうか？

三　必ず行ってみてよ。そこまで紙のインスタレーションだったら、ホントにカネないんだな。JFWの「シンマイクリエーターズプロジェクト」に推薦してあげないといけないからな（笑）。

菅　三浦さんは「ジョンローレンスサリバン」を高評価（4月6日号P.9参照）していますけど、プレスの間では意見が真っ二つに分かれてますよね？

三　ちょっとミラノ・パリのコピーっぽい感じがするんだけれども、やっぱりコピー臭い「G.V.G.V.」と決定的に違うのは、「成り上がり」というかさっき言ったルサンチマンというか、筋が一本通っているからなんだろうな。それであれだけ颯爽としていてカッコいいなら許してもいいかな、っていう感じ。

菅　なんとなく、わからないでもないですけどね。

三　東京ファッションはミラノ、パリみたいに「ラグジュアリー」を基本においてもダメだと思うな。ファストファッションがこれだけマーケット全体で覇権を握る時代なのだから、パリコレなんてアナクロニズムぐらいの気持ちが欲しいな。どうでもいいけど、「アナクロ」ってわかるよね？「穴が黒い」じゃないぞ。

菅　わかりますよ（怒）。ホントに失礼ですよね。でも「ラグジュアリー」に代わって、東京ファッションが目指すキーワードって何ですかね？

三　さぁ。「東京ポップ」なんていうのはどうかな。「ミントデザインズ」なんかはそういう感じ。アンチ・ラグジュアリーでコギレイなポペリズム（貧乏主義）。ちょっとアートっぽくて、なんかファスト・ファッション的な安っぽさも軽さもある。

菅　「ミント」は今回は全体的に作り込んで、クオリティもアップしていて良かったですね。パリコレなんかに出て行ってもウケそうな気がします。

三　ああいうファッションはミラノ、パリにはないからな。それと「ネ・ネット」か。底流に、現代日本の若者たちの「心の病」がある。

NOTE

一歩誤ったら空中分解しそうな危険きわまりないコレクションというのはほとんどないのは残念だ。東コレの山縣良和の「リトゥンアフターワーズ」は久方振りにそういう期待に応えてくれそうなブランドだ。「ファッションとは何か?」を根本から問いかけているような気がするのだ。デザイナーが哲学者である必要はないが今の時代やそこに生きる人間に鈍感な人間には真のファッションは創り出せないだろう。

49

Apr. 13 2009

ミスター・アパレルの死

天野賢治・弊紙デスク（以下、天）　加藤嘉久・フランドル副社長（62）が4月5日に逝去。急でしたね。

三浦彰・弊紙編集委員（以下、三）　1月20日の日本アパレル産業協会の新年会で会った時に、ゲッソリしていて驚いたが、「明日インフルエンザの検査に行かなきゃいけない。ここ2日ばかり食べてないんだよ」が最後に交わした言葉だった。癌だったようだな。最後まで自分の弱味を見せない人だった。「スウィヴィ」（85年秋開始）、「組曲」（92年秋開始）、「23区」（93年秋開始）、「ＩＣＢ」（95年秋開始）と大ヒットブランドを廣内武・現オンワードホールディングスＣＥＯの指揮のもと生み出した。ラフォーレ飯倉での「スウィヴィ」のデビューショーが未だに忘れられない。「ＤＣブーム」の真っ只中でオンワード流のＤＣブランドを創出した。「組曲」はフレンチ・カジュアルブームへのオンワード流の回答。「23区」は新世代の30代カジュアルウエアだった。「23区って、東京のどの区ですか?」って尋ねたら、「そういうんじゃないですよ」と叱られたのを今でも覚えている。「ＩＣＢ」ではグローバルブランドを目指してマイケル・コースを起用した。この辺りまでは冴えに冴えてたな。まさにミスター・アパレル。会社の自分のロッカーにはいつでも海外出張に出発できるように、スーツケースが無造作に放り込まれていた。でも机の引き出しにはアンパンやジャムパンをしまい込んでいて、仕事中にパクパクやるみたいな茶目っ気もあった。とにかく憎めない人。ガニ股で足早に歩くんだが、その姿が忘れられないな。

天　私が最後にお会いしたのは、2月3日のフランドルの大型戦略発表会の後に呼び出された時でした。やはりゲッソリしていたのが印象的でしたね。三浦さんは駆け出し記者時代から加藤さんを取材されていて、ずいぶん影響を受けたみたいですね。

三　80年代バブル期のオンワードマンの典型だった。加藤さんがヒラのＭＤの頃、自分のアパートの押し入れを「倉庫」代わりにして、洋服を詰め込んでいたら、たわんだ床があわや抜けそうになって、下の階の人間から苦情が来たなんてこともあったらしい。たぶん「絶対に売れる」とわかっていたからクビ覚悟で勝手に作り込んでいたんだな。まさにハイリスク・ハイリターンの人だった。「組曲」の立ち上がりの頃、月曜日に取材に行ったら、前の週の土、日の売り上げがあらかたまとまっていて、「どう、すごいだろ」と得意気に披露してくれた。ケータイやパソコンなんてまだ一般的でなかったから電話で各売り場から情報を取って手書きでびっしり表にしてあった。

天 いわゆる原始的なクイック・レスポンスというやつですね。その後オンワードはこれを精緻なシステムに作り上げてシェアを拡大しました。

三 「売り場と街にすべての答えがある」が、オンワード精神の根幹にあると思うが、それを地で行った人だった。

天 本来、オンワードの社長になるはずだったと思いますが？

三 ちょっと規格外の破天荒さがあったからな。出世ブランドだった「スウィヴィ」「組曲」なんかは、取締役会では「おまえ何考えてんだ」的な否定的意見が多く、馬場彰・社長（当時。現在名誉顧問）のツルの一声でスタートが決まったと聞いている。まあ、異色の人で、経営者に向いていたのかどうか。「ICB」以降にはヒットブランドもなかった。

天 それで馬場さんが後継に選んだのは廣内武・専務（当時。現オンワード・ホールディングス代表取締役会長兼CEO）でした。その後加藤さんは、子会社オークの専務に転じ（99年）、その後レナウン副社長に就任（04年）。

三 レナウン時代は、06年に婦人服部門を黒字転換させたのが特筆されるが、ヒットブランドはなかったし、やはりオンワードとレナウンの企業風土は違いすぎたかな。新天地を求めてフランドルへ（07年）。言葉は悪いが、洋服バカの栗田英俊・社長とMDバカの加藤さんのコンビは凄みがあった。「アパレル三国志」的には、劉備と諸葛孔明の2人に匹敵するパートナー。

天 フランドルへの転身は弊紙がスクープしましたが、栗田社長と加藤副社長は同い年でもあり、意気投合していましたね。今回の帝人と住金物産を巻き込んだ、おそらく和製H&Mを目指したと思われるプロジェクトはフランドルが社運を賭けたものと思いますから、栗田社長も沈痛な思いでしょう。

三 ファッション業界はまさに大転換期を迎えているが、傑出したプレーヤーがまた一人舞台を去ったな。合掌。

NOTE

27年も業界にいると先達、先輩が一人、また一人と鬼籍に入っていく。加藤嘉久・フランドル副社長はそうした中でも傑出した人物だった。もはや、「このブランドはこの人が作った」という時代ではなくなってはいるけれども、その最後期の人物かもしれない。ブランドが個人の発想や思いとは違うところで誕生し成長する時代のブランド・ビジネスはある意味で味気ないものなのかもしれない。

50

Apr. 20 2009

「裏原」と「UA」

天野賢治・弊紙デスク（以下、天）　前々号は東京コレクションの号だったにもかかわらずＮＩＧＯ（38）が表紙、前号はライブハウスに現れて歌う「ナンバーナイン」の宮下貴裕（36）が表紙。弊紙は「裏原ウィークリー」になったのかなんて読者も出てくるのではないですか（笑）。

三浦彰・弊紙編集委員（以下、三）　そう思われても仕方ないな（笑）。でも、両者のインタビューを読んでみて、どうも今ひとつ釈然としない。その「深層」をのぞくと、「裏原ブーム」の仕掛け人のＸさんの影が見え隠れするんだけれどもな。ＮＩＧＯも宮下君もＸさんの傘からいよいよ飛び出したんだなと思うのは私だけかな。裏原って伏魔殿みたいなところだから、これ以上立ち入るのはやめるけれども。でも、新会社を作るＮＩＧＯの既存の会社であるNOWHEREを実質的に経営することになる日比野正雄・新社長（58）って、4月1日付でワールドの常務執行役員を退任したあの日比野さんだろ？

天　ええ、寺井秀蔵・社長（60）の懐刀的な存在だった人物ですね。

三　本当にＮＩＧＯには、NOWHEREの株を売る気はないのかな。その線だとワールドがいずれ買収するとか、いろいろな共同事業が始まるような憶測を呼びそうだけどね。

天　また勝手な推測をしてると呼び出されますよ（笑）。でも、ワールドは昨年11月に、裏原系のスケーターズファッションの「ヘクティク」を買収しています。またストリートファッションブランド「ベースステーション」を原宿で展開中ですが、裏原のカリスマである藤原ヒロシ（45）はその立ち上げの時にアドバイザーでした。今は関係がないですが、そんなこともあってワールドは裏原ネットワークを築いているのではないでしょうか。「ヘクティク」買収もその線でしょう。

三　今さら言うまでもないが、藤原ヒロシに似ていて私淑していたことからＮＩＧＯ（2号）と名乗っていたわけで、やっぱりＮＩＧＯとワールドは、藤原ヒロシと日比野氏を仲介にして何か動きそうな気がするけどもね。

天　三浦さんの想像力はすごいですね。カードは揃ってますけれど。

三　釈然としないと言えば、前号の連載「温故知新」の中で筆者の岩城哲哉・ユナイテッドアローズ（UA）現副社長（55）が書いていた同社の「降格人事」だな。

松下久美・弊紙デスク（以下、松） 重松理・前代表取締役会長（59）が社長に、岩城さんは代表取締役副社長にそれぞれスライド。簡単に言うと長期戦略担当だった重松さんがその期ごとの数字を見て、岩城さんは営業責任者として現場に降りるというもので「降格」には当たらないと思います。この人事を決めた取締役会では、水野谷弘一・現上級顧問（前常務）の退任も決議。一種の非常事態宣言でしょう。

三 １９６４年、業績不振に陥っていた松下電器産業で、創業者の松下幸之助（当時69）が会長から、営業本部長代行に降りて業績を立て直した「故事」を彷彿とさせるな。連載のタイトルじゃないけどまさに「温故知新」だね。重松さんと言えば、ビームスの設楽洋・社長（58）と並んで「ミスター・セレクト」とでも言うべき存在。55歳社長定年説を提唱していて、その予定から少し遅れはしたが、同志の岩城さんにバトンタッチ。最近は、ちょっとお大尽風で余裕シャクシャクという感じだったが、そんな場合じゃないということなんだろうな。そのカリスマ性発揮に期待というところか。ＵＡへの入社理由でも依然として「重松さんのＵＡでファッションをやりたい」というのがかなりあるらしいからね。

松 岩城社長体制のもとで、若手に権限委譲し次世代にバトンタッチしようという目論見だったようですが、やはりうまく行かなかったという含みもあるようですね。弊紙連載では「『根幹の部分をわかる人間が奪い取ればいい』。（中略）早く『オレたちにやらせろ！』というくらい勢いのある人が出てきてほしいもの」と書いています。

三 意中の人がいたけど、思うように成長しなかったということか。

松 ファーストリテイリング（ユニクロ）もそうですが、強烈なカリスマ経営者の後継者って難しいものですよね。

三 後継者問題はある意味日本のファッション業界の最大の悩みかもしれない。海外の大企業みたいにシステマティックな経営になっていれば冷凍食品メーカーや化粧品メーカーから連れてくることも可能だが、日本ではそこまで進化していないから。今回の人事でＵＡはやっぱり「重松商店」なんだなんて言う人もいるね。

NOTE

たしかに裏原は伏魔殿である。みんな何かを握られていて自由がきかない感じがする。「ナンバーナイン」の宮下やNIGOは裏原が生んだヒーローだが、前者はブランドをやめて「旅」立ち、後者の経営はワールドの元取締役だった日比野氏に委ねられた。その後日比野氏は辞任し、クロスカンパニーとトム・ブラウンが作った新会社の専務兼最高業務執行責任者（COO）になるという展開になっている。

51

Apr. 27 2009

レナウンVSネオラインキャピタル

天野賢治・弊紙デスク（以下、天）　レナウン現経営陣と現在同社筆頭株主（約25％保有）のネオラインキャピタル（旧かざかファイナンス）による経営の主導権争いが激化しています（4月20日号P.3）。双方から今後の経営陣刷新を含む改革案が出されています。話し合いで解決しないと、5月28日の株主総会での決議で決定になります。

三浦彰・弊紙編集委員（以下、三）　株主総会の決議での争いとなると、白紙委任状を奪い合ういわゆるプロクシー・ファイト（委任状争奪戦）ということになるな。02年の東京スタイルと村上ファンドが争ったプロクシー・ファイトが代表的な例。あの時は東京スタイルが辛勝したけれど。このネオラインというのは、ライブドア系のファイナンス会社が前身だね？

天　はい。でも、１０００億円以上の現金・有価証券や不動産を持っていた東京スタイルと違って、大半の資産を売却し、背水の陣のレナウンの経営権を握ってもあまりメリットはないと思うのですが？　残っているもので価値のありそうなものはアクアスキュータム（ＡＱ）とレリアンぐらいです。

三　ネオラインの前に経営の実権を握っていたカレイド・ホールディングスの川島隆明・会長は、ＡＱに惚れ込んでレナウンに乗り込んだと公言していた。プリングル再生に成功したキム・ウィンザー女史をスカウトし、ブリティッシュ・ラグジュアリー・ブランドとして復活しようとしたがなかなか結果は出ず、レナウン株をネオラインに売却。たぶん１００億円前後で買って30億円で売ったはずだから、だいぶ損をしたはず。

天　ＡＱではウィンザーＣＥＯを中心にしたＭＢＯ（経営陣によるＭ＆Ａ）も噂に。が、レナウンと金額が折り合わなかったのか噂はすぐ消えました。

三　本欄で何度も指摘しているようにファンドがアパレル業界に入って来ても、成功の確率はほとんどない。ネオラインメンバーのひとり佐谷聡太・事業開発担当はセシールの再生に成功した人物だが、それと違って特に百貨店をメインチャネルにした従来の大手アパレルの再生は、難易度が高すぎる。

天　ある百貨店関係者が、もしレナウン（旧ダーバンも含めて）が現在百貨店に持っている売り場がなくなったら、婦人服売り場、紳士服売り場が成り立たなくなると言ってましたが、今までの歴史があってそれだけ恵まれているということですから。何かキッカケがあればと思います。

三　レナウン1社でどうなるというのでもないだろう。百貨店の売り場自体が変わらないことにはね。

天　レナウンが5月の株主総会に提出する経営改革案では、44歳の北畑稔・経営企画部長を新社長に据えています。心機一転の若返り策です。

三　たしかに社長就任年齢だけは毎回若返っているな。北畑氏には会ったことがないが海外勤務歴があって、写真で見る限りはイケメンのスポーツマンタイプだね。

天　中村実・現社長も立教大学のアメフト選手で海外の経験が長かったですね。このあたりがレナウン社長の新条件なのでしょうか。

三　レナウン側は株主総会前の話し合いで決着すると考えているようだが、ネオライン側も簡単に引き下がるとは思えない。AQを買いたい企業と話がついているとか、思わぬ隠し玉が出るなんてことにならないかな。それとレナウン側が社外取締役に予定している石津祥介・石津事務所代表だが、ヴァンジャケットの創業者の故石津謙介氏の長男だよね。謙介氏はレナウンとも関係が深かったし、祥介氏はダーバンのブランドに関わったこともあるが、今さらの観はあるな。このあたり、人材ネットワークの広がりや新しさが感じられない。それとどうでもいいことだが今回の記者会見の案内状には、4月15日（火）とあったよね。15日は水曜日だけど、こんな重大会見の曜日を間違えるものなのかね。緊張感がまるで感じられないな。ついでに当日になって会見場が五反田本社から、急遽水天宮のロイヤルパークホテルに変更。弊社の社内連絡が悪くて私は五反田でウロウロ。本社の受付嬢は事情を知らないらしく「ワフワフビー（?）の三浦様が受付にお見えですが」と社内電話で右往左往。会場変更はなぜ?

天　繊研新聞本社（箱崎町）が近いからなんて冗談で言われてましたけど。

三　夕方5時30分からの会見なのに珍しく次の日の第1面に繊研新聞は載せていたからな。でも会場変更がネオラインへの揺さぶりだとしたら、レナウンも結構やるなと思うけど。

天　（それは）ないと思います。揺さぶられたのは三浦さんぐらいです（笑）。

NOTE

天野デスクの発言に「レナウンに残っているのはアクアスキュータム（AQ）レリアンぐらい」とあるが、AQは香港のファンドに売却、年末にはレリアンも伊藤忠商事に売却した。まさに裸一貫の背水の陣になってしまっている。80年代レナウンは日本でダントツのアパレルメーカーであったことを知っている我々の世代がその凋落を取り上げているだけで、若い世代から見るとなぜ1アパレルメーカーの動向をそんなに騒いでいるの？ ということになるのか。

52

May 11 2009

ファストファッションの攻勢続く

三浦彰・弊紙編集委員（以下、三）　ニューヨークへ出張してたんだよね？

松下久美・弊紙デスク（以下、松）　はい。H&Mのマシュー・ウィリアムソンとのコラボを取材してきました。

三　しかし、「エミリオ・プッチ」のデザイナーを辞任したマシューとコラボとはな。でもH&Mにはジェレミー・スコット、ロベルト・カヴァリなどセレブ御用達のデザイナーコラボという流れがあるからな。で、売れ行きはどうだったのかな？

松　相変わらず人気がありますね。私が見た限りニューヨークの旗艦店では発売5日ほどで残り3ラックになっていて、かなり売れたようです。

三　どうも最近はファスト・ファッションがらみのニュースが多いな。まず4月24日には、ポイントが原宿の明治通り沿いに、同社ブランドを全て集めた３００坪の「コレクトポイント」をオープンした。取材してどうだった？

林芳樹・弊紙記者（以下、林）　大行列こそできませんでしたが、ゴールデンウイーク中は若い女性たちで賑わっていましたよ。天候にも恵まれて、来店客数は計画を上回ったそうです。都心の大型店は初の試みだっただけに、石井稔晃・社長もまずはホッとしているんじゃないでしょうか。

三　この物件は昨年倒産した不動産企業のアーバンコーポレイションが所有していたもので「ヒューゴ ボス」が出店を予定していた。業績悪化で急遽出店を取り止めたが、すぐにポイントが入店を決めた。「ヒューゴ ボス」は骨董通りの大型店も閉鎖するなど、日本における事業縮小を進めている。さらに日本でのビジネス戦略に大きな変更があるかもしれないな。ポイントの業績はどんな感じなの？

林　2月通期決算は、売上高８６７億円（対前年比１１７・３%）、経常利益１５９億円（同１２２・４%）。既存店売上高を97・9%でシノギながら、純増95の積極出店が奏功しました。ユニクロの陰に隠れがちですが、10年連続増収増益の高収益企業です。

松　銀座では中央通りに04年11月オープンした「ブルックスブラザーズ」旗艦店の閉鎖が決定しました。丸ノ内店に集約するということです。その後は、４５０坪で年商40億円を稼ぎ手狭になった隣の「ユニクロ」がパート2として出店します。既報ですが「ルイ・ヴィトン」が出店を予定しながら断念した晴海通りのヒューリック数寄屋橋ビルには、2011年2月に「ギャップ」が旗艦店を開きます。

三　不採算店閉鎖は、海外ブランドにとってはまず着手しなければならない不振対策の第一歩だからな。もちろん採用凍結&広告・宣伝費カットは言うまでもないが。

松　日本市場からの撤退はしないまでも日本法人解散や総合商社やインポーターへの業務移管が起きそうですね。

三　1ユーロが130円前後の為替レートで、年商規模が20億〜30億円以上というのが日本法人が生き残る条件だと考えているが、大型店を出店しているクラスのブランドではそのバーが50億円以上になると思う。2000年以降に出店した大型店舗で黒字化している店舗はごく一部だけ。インポートブランドの日本での経営は厳しさを増している。

林　それと対照的に勢いづいているのがファスト・ファッションですね。4月29日は、ロサンゼルス本拠の「フォーエバー21」がH&M原宿店の隣に日本第1号店をオープン。GW8日間の来店客数は8万4200人とのことです。GWの原宿・表参道界隈は「フォーエバー21」の黄色い袋を持った人が本当に目立ちました。来日したドン・チャン=会長ら同社首脳も日本人の消費意欲に驚いていましたよ。日本で100店以上の出店という野心的な目標を掲げていますが、早くも手応えを感じたでしょう。

三　ここは、フットウエアブランドの「ニューバランス」の跡地だね？

林　はい。昨年8月に閉店してから、どこのブランドが入るのか、様々な憶測を呼んでいた場所です。原宿の神宮前交差点付近は「H&M」「ギャップ」「ザラ」「トップショップ」「コレクトポイント」「UT（ユニクロのTシャツ専門店）」など国内外のファスト・ファッションの大集積地になりました。

三　ファスト・ファッションの隆盛はもはやメガトレンド化・ブーム化している観があるね。先日も、都心の大型書店に行ったら柳井正・ファーストリテイリング（ユニクロ）会長兼社長の「一勝九敗」の文庫（新潮社）が山積みになっていたな。売れているらしいね。

松　03年に出版（新潮社）されて、06年に文庫化しました。

三　普通の会社は一勝九敗じゃ、ツブれてるけどね。

NOTE

またファストファッション（FF）の攻勢を取り上げている。ラグジュアリーブランドの旗艦店だったり、出店予定地だった場所にFFが出店している話。加えて「フォーエバー21」上陸（4月29日）の日本初上陸にも触れられている。「H&M」の銀座店、原宿店と並んで年商100億円に届くのではと言われるまでに過熱している店だ。が、全世界規模では、1800億円程度で「H&M」の十分の一程度だが、日本のFFブームにうまく乗った観がある。

53

May 18 2009

「ティファニー&ＬＴ」と「ＬＶ&ＡＫＢ」

三浦彰・弊紙編集委員（以下、三）　日本のゴールデン・ウイーク中に、ティファニーがランバートソン・トリュックス（ＬＴ）を買収（5月11日号P.3）。サムソナイトの子会社だったんだが、見離されて売りに出ていた。

奥恵美子・ファッションジャーナリスト（以下、奥）　ティファニーですか!?　意外ですね。ＬＴはリチャード・ランバートソンとジョン・トリュックスの2人組ですが、ジョンの方には3年前にインタビューしましたよ。私が持っていたハンドバッグを見て「いいねえ、その『グッチ』」ってジョンが言うから、リチャードがデザインしていた頃の「グッチ」だって言ったら「リチャードが喜ぶから写真を撮らせてくれ」って、パシャパシャ。本当に仲の良いニコイチ・コンビですよ。

三　トム・フォードが本格的に手掛ける前の「グッチ」をリチャードのほうがやっていたんだね。「グッチ」再建を任された元バーグドルフ・グッドマン副社長のドーン・メロー女史がスカウトしたんだったね。

奥　トムみたいなスター性はなかったですが、その頃から「グッチ」のポジショニングは確実に上がっていましたね。悪い買い物ではないと思いますね。

三　「ティファニー」丸の内店オープン（04年）の際、ジム・クイン＝プレジデントにインタビューした時に、「ティファニーはレザー・グッズを本格的に手掛ける気はないのか?」と私が尋ねたら「『ルイ・ヴィトン』（ＬＶ）を始めとしたラグジュアリー・ブランドが宝飾を手掛けないと約束してくれたら、我々もレザー・グッズには進出しないと宣言してもいいのだけれど」と笑っていたね。レザー・グッズメインのラグジュアリー・ブランドは、宝飾ビジネスを本格化させているから、「それじゃ、我々だって」ということになったんだろう（笑）。「カルティエ」も「ブルガリ」も一足先にレザー・グッズビジネスへの投資を本格化しているだけに、黙っていられないということもあるだろうな。

奥　「ＬＴ」ブランドは現在アオイが独占輸入販売していますよね?　今後どうなるんですか?

三　ティファニー社に続ける意志があるのかどうか。サムソナイト時代にバカデカイ店をＮＹ、ビバリーヒルズ、ラスベガスに作っちゃって、それが原因で赤字だからな。

奥　前号の表紙にもなりましたが、ＬＶの新作小物「マルチカラー・スプリング・パレット」の発表会にも驚きましたね。村上隆のアニメ「スーパーフラット ファーストラブ」の完成披露も兼ねていましたが、秋葉原の星「ＡＫＢ48」がＬＶ表参道店で歌って踊ってましたね。今の不況風もモノともしないパフォーマンス。あれができるのがＬＶの強さですかね。他のラグジュアリー・ブランドがやったらちょっと笑えないですよね。

三　その通りだね。スティーブン・スプラウスとグラフィティ（白いペンキ風にイタズラ書き）のコラボ（01年春夏）をした時からの路線だが、村上隆を加えてさらに「東京ポップ」とでも言うべき存在感を確立した。しかし「ＡＫＢ48」とはね。

奥　村上氏が「ＡＫＢ48」をプロデュースする秋元康氏と親しくてそのつながりのようですね。

三　「ＡＫＢ名古屋」みたいのも出来るらしい。名古屋が本拠地の遊技場がスポンサードするなんて話も聞いた。しかしＬＶとＡＫＢ、ゴロはイイけどギリギリセーフってところかな。なりふり構わずという感じもするが。

奥　三越池袋店の閉鎖に伴って、ＬＶは池袋西武へ出店しますね（5月11日号P.11メモ欄）。

三　一度条件が合わず頓挫して、東武池袋店に話が行った。西武池袋も背に腹は代えられないということかな。ＬＶは同店には一度店を構えたことがあるから出戻りだね。10年も前の話だが、「いわゆる一流百貨店でＬＶの高条件に屈していないのは、うめだ阪急、西武池袋、伊勢丹新宿の3店だけ」なんて言われていたが、これでＬＶのないのは伊勢丹新宿店だけになったね。最後の牙城と言ってもいいけど、伊勢丹浦和店には入っちゃってるし、本店はどうなんだろうね。ＬＶが出店している向かいの新宿三越アルコットの手前もあるしね。

奥　でも近々、三越アルコットや新宿高島屋にも店がある「コーチ」が伊勢丹地下2階のイセタンガールにコーナーを出店すると聞いていますけども。

三　本館1階のザ・ステージで最新の「ポピー」コレクションを紹介した後に、とりあえず半年間地下2階に同コレクション限定の店をオープンするらしいね。伊勢丹もなりふり構わずというところかな。

NOTE

低迷を続けるラグジュアリー・ブランド（LB）はどんな施策や販促を行なっているか。「ルイ・ヴィトン」（LV）が秋葉原の星 AKB48 を新作発表会のゲストに招いたというのは LV らしい。LB の大衆化をトップブランドとして推進して来た LV だが今回は評価が分かれるか。ハイクラス顧客向けの販促とボトム層の顧客向けの販促を同時に行なうのには難しさがつきまとう。しかも話題性とインパクトがないと効果がないのが LB の販促だ。

54

May 25 2009

広告の世界でもユニクロ旋風

三浦彰・弊紙編集委員（以下、三） 今秋冬ものの展示会ラッシュが続いているが、こんな御時世だというのにどこも大盛況だな。

松下久美・弊紙デスク（以下、松） そうですね。特に最近は編集長の来場が目につきます。本当に熱心です。

三 熱心っていうんじゃなくて、「必死」なんだよ。自媒体のクライアントだと自ら推薦文を書いちゃうような編集長もいるらしい。そこまでするかという気もするけど、女性誌の表2広告（表紙を開いてから目次までのスペース）が、埋まらなくて広告代理店が悲鳴を上げている。どっかの家電安売り店じゃないが、3割、4割（引き）は当たり前という感じ。従来だと、中の面でタイアップをつけて、表2広告をディスカウントというセット売りだったが、中面のタイアップは要らないから、いくら安くなるのという交渉になるらしい。確かに雑誌はずいぶん薄くなっているなあ。そう言えば、弊紙の前々号は「H&M」のカバー・オン・カバー（ラップして本来の表紙をマスクする）広告だったね。

松 マシュー・ウィリアムソンと「H&M」のコラボの訴求です。奇しくも原宿に「フォーエバー21」の旗艦店がオープンして話題を呼び、弊紙でも表紙候補になる号だったので、「さすが、『H&M』はメディア戦略がうまい！」と社内でも評判になっていました。

三 同じ号のOVERSEAS（海外ニュース）欄には、「フォーエバー21」のコピー問題で創業者夫妻が事情聴取なんて記事が載ったが、偶然だよね（笑）。妨害といえば、2、3年前に某ブランドが、広告を出す条件として、〝当社製品をコピーしたようなブランドの広告を一切載せないこと〟を挙げていたことがあったな。当時は飛ぶ鳥を落とす勢いだったが、今ではすっかり落ち着いちゃったけどね。それぐらい雑誌はナメられてるということかな。もちろん特許があるわけじゃあるまいし、断固拒否した立派な雑誌もあったらしいがね。ま、コピーするブランドもブランドだが。ところで昨日（5月18日）は、「ユニクロ」のサマースカート発表会を取材していたね?

松 はい。押切もえをイメージキャラクターにして昨年の9倍売る予定です。

三 ほう、サマースカートか。今度はキャリア層を狙い撃つ、ということだな。オフィスが「ユニクロ」だらけになるのかな。しかし押切もえとはね。

松　「ユニクロ」が小学館の「CanCam」「AneCan」「PS」「Oggi」の4誌連合による「東京スーパーモデルコンテスト」をスポンサードする縁かも!?

三　最近驚いたのは、4月23日売りの「CanCam」6月号の表4（裏表紙）が「ユニクロ」（ブルーのドライストレッチカノコポロドレス／1、990円）の広告になっていること。これって初めてだよね。表4は従来、時計や車、航空会社などが広告を打っていた面で、ファッション・ブランドの出稿はほとんどなかったよね。

松　中の面では以前からタイアップしてましたし、それほど驚くほどではないのでは。この号から編集長クレジットが兵庫真帆子さんから加藤睦美さん（前PS編集長）に代わりましたね。関係あるんでしょうか。

三　かつて「ユニクロ」の広告を載せるか載せないかは、雑誌のポジショニングを決める上で大きなポイントと言われていたけれどもね。「CanCam」ではないが、表2、表4が決まらないで青息吐息の現在の雑誌にとっては、女性誌では一種の異端だった「ユニクロ」がいよいよ雑誌の特殊面に本格進出する絶好のチャンスなのかな。

松　全く事前告知もしていないのですが、実は今夏の「スポーツ」キャンペーンでは、ロンドンをベースに活躍するモデルのアギネス・ディーンと、カナダ人メンズスーパーモデルでハル・ベリーの恋人としても知られるガブリエル・オーブリーを起用しているんです。すでに5月15日からテレビCMも始まっています。今春のキャンペーンだけでもマリエ、佐々木希、藤原紀香、栗山千明、市川海老蔵などが登場しています。昔はCMに出てくれる人が少なくて大変でしたが、今はヨリドリミドリですね。

三　「ユニクロ」が雑誌不況の救世主になるのかな。秋にはジル・サンダー女史が監修する「ユニクロ」とジル本人のラインがお目見えするし、まだまだ話題を独占しそうだな。もし、ジル・サンダー本人がモデルで登場する「ユニクロ」のプロモーションなんか出たら相当インパクトが大きいと思うが。

松　商標権がなくてネームを使えないのですから、業界やファッショニスタ向けには一番効果的ですね！　でも、消費者の何人がジル本人ってわかるのかしら!?

NOTE

90年代の雑誌広告界を席巻したのが「特殊面戦略」である。雑誌を見開いてすぐのポジションが特別表2、続いて普通の表2、目次対抗広告、表4（裏表紙広告）、表3（裏表紙を開いてすぐの面）などという名称をつけて雑誌広告にヒエラルキーをもたせた戦略で、ラグジュアリー・ブランド（LB）がそのポジションを奪い合った。しかしLBの広告量が大幅に減少するにつれて、この特殊面に「ユニクロ」が進出しているという話である。

55

Jun. 1 2009

「アルマーニ」と「ランセル」のけやき坂店

三浦彰・弊紙編集委員（以下、三）　6月6日に「ジョルジオアルマーニ」が六本木ヒルズけやき坂に、580㎡の大型店舗をオープンするね。

麥田俊一・弊紙ファッションディレクター（以下、麥）　従来「ワイズ」「イッセイミヤケ」のあった場所で両店とも最近閉店しましたが、その2店分（1階のみ）で展開します。現在ある紀尾井町店をクローズして、移転ということになります。

三　思い切った移転だな。紀尾井町のクローズは前から聞いていたが、てっきり顧客を銀座に統合して、その強化をはかるものだとばかり思っていた。六本木ヒルズから破格の好条件が提示されたのかな？

麥　紀尾井町のホテルニューオータニの東側の通り（通称イタリア通り）は、95年のアルマーニを皮切りに、「セリーヌ」「フェンディ」「ヴェルサーチ」「バーバリー」「ドルチェ＆ガッバーナ」などが店を構えていましたが、「ヴェルサーチ」を除いて、全てクローズ。その「ヴェルサーチ」も近々閉店します。さらに大阪のヒルトンプラザ店、そごう千葉店も閉店予定。新しい店舗として2010年後半に銀座に大型路面店をオープンして、言ってみれば日本での仕切り直しをすることになりました。

三　なんか担当の代理店から「これじゃ、日本撤退するみたいじゃないですか」と抗議の電話があったみたいだったね。たしかに、紀尾井町のあの通りは厳しかっただろうな。六本木ヒルズのけやき坂通りもラグジュアリー・ブランドの退店が相次いでいて、厳しいのは同様だがね。

麥　バブルが弾ける前にあの通りを、日本のモンテナポレオーネ通りになると言ったのは、三浦さんでしたよね。

三　言い訳になるが、ブティック街の向かいにある浄水場設備が商業ゾーンとして使えることを前提にした話でね。片肺飛行はやはり難しい。

麥　しかし、アルマーニジャパンは円ベースで2008年は前年比96％（5月25日号P.36）これは大善戦ですね。

三　大半のラグジュアリー・ブランドが昨年日本では前年比80〜85％の水準だったのを考えると確かに立派だね。前半にかなり貯金があったが、後半はやはり相当厳しかったようだ。でもロイヤリティの高いファンをつかまえているから強いんだろうね。

麥　前号の雑誌特集では、幻冬舎の見城徹・社長が「アルマーニ」を着てインタビューに登場。80年代全開という感じで昔を思い出しちゃいましたね。三浦さんもあの手のスーツだいぶ持っているでしょう。タンスから引っ張りだして着てみたらいかがですか（笑）。

三　そりゃないと思うよ。昨年はなんとか残したアルマーニジャパンだが今年は相当に厳しいと思う。

麥　けやき坂と言えば、三共生興が運営していた「クリスチャンラクロワ」がやはりクローズして、「ランセル」の旗艦店に。モンタナと並んで80年代ファッションのもう一方の旗手だった「ラクロワ」の旗艦店閉店は寂しいです。会社も破綻したし（6月1日号P.3）。

三　「ランセル」の店は6月11日にオープンする。1、2階で合計約221㎡。今秋冬物の展示会に行って来たが、プルミエやリバーシブルバッグのフレンチ・フレアなどは売れそうな「顔」をしていたね。「クロエ」のパディントンや「ボッテガ・ヴェネタ」のイントレチャート以来のヒットになれるかな。

麥　「ランセル」は日本市場へは再上陸ですね？

三　以前はミレニアム・リテイリングと西川が日本で展開。リシュモンジャパン（30％）と住友商事（70％）の合弁で再度ランセルジャパンが設立され今秋から日本で再スタート。けやき坂店が試金石になる。昨年就任したマーク・ルランデ＝CEOはなかなかバイタリティのある人物で、やってくれそうな感じもする。

麥　「アルマーニ」「ランセル」と新規開店が続き勢いづきそうです。

三　そうあって欲しいが、少なくとも大量のトラフィックが期待できないのは間違いないので、店単位で顧客を呼び込むような仕掛けが必要だね。六本木ヒルズは開業して6年になるがずいぶんとテナントも入れ替わったな。売り上げの大幅な減少で業績が急激に悪化しているブランドが多いから、高額の家賃を払い切れなくて撤退という店が、ファッションのみならず飲食でも多い。本国サイドも苦しいので面倒見切れないと投げてしまうケースがでてきそう。経済危機からそろそろ回復を見せている中国にばかり目がいっていることもあるしね。本国の理解をとりつけないとせっかく築いて来た日本でのプレステージも簡単に崩れてしまいかねないね。

NOTE

2003年4月にオープンした六本木ヒルズで最も家賃が高い場所はけやき坂通りの南側だが、すでにかなりの店舗が入れ替えになっている。紀尾井町店を閉めた「ジョルジオ アルマーニ」が「ワイズ」「イッセイ ミヤケ」の後釜として移るのはちょっとした事件である。「アルマーニ」の移転でバブル期に日本のモンテナポレオーネ通りになると私が予言した紀尾井町清水谷界隈だが、路面店としては「ブルガリ」を残すのみになってしまった。

56

Jun. 8 2009

伊勢丹新社長就任

天野賢治：弊紙デスク（以下、天）　伊勢丹の社長が6月1日に交代。武藤信一・前社長（63）は、三越伊勢丹ホールディングス会長兼CEOに専念、大西洋・前三越取締役（53）が新社長執行役員に就任しました（6月8日号P.3）。

三浦彰・弊紙編集委員（以下、三）　大西新社長には失礼だが、意外な人事というのが一般的な世評。下馬評では大本命は二橋千裕・同社代表取締役専務執行役員営業本部長（55）で、中込俊彦・同社取締役常務執行役員営業本部MD統括部長（55）が対抗馬。二橋さんが2年か4年社長をやって次にバトンタッチと見られていた。それをショートカットした感じだな。既定路線ですんなり人事を決めても、今の難局は乗り切れないということなのかな。

天　5月29日の記者発表会で武藤さんは、「伊勢丹の内規で社長任期は3期6年だが、三越の合併によってその後2年間社長を続けてきた。すでに2006年から、後任社長を選ぶ指名委員会が発足していて、まず12人が候補に選出され、これが順次絞り込まれ、昨年12月には4人になった」と話していましたね。この4人って誰でしょうか？

三　前述の二橋氏、中込氏、そして最終的に選ばれた大西氏、これに中陽次・三越執行役員百貨店事業本部MD統括部婦人・雑貨統括部長（53）を加えた4人だと思うけどね。

天　中さんは、三浦さんと慶応大学時代の同級生でしたよね？

三　経済学部1年の時にドイツ語を選択したクラスで一緒だったけどね。2人ともあまり成績は良くなかったけどね（笑）。

天　でも、三越もそうですけど、伊勢丹も慶応出身者が多いですね。大西新社長も武藤前社長も、中込常務もみんな慶大卒ですよね。

三　小柴和正・相談役（元社長、78）と二橋専務は早稲田大学出身だね。総学生数が2倍近い早稲田大学と違って、卒業生のつながりが緊密なんだろうね。それにオシャレでソフトな慶応ボーイというイメージがあるだろう？　百貨店にはピッタリなカラーだね。

天　少なくとも三浦さんに関しては全くそう感じませんけど（笑）。

三　伊勢丹と三越の合併がわりとスンナリ決まったのも、両社とも慶大卒がトップに多かったというのが大きかったのだろう。同じ慶大閥でも、伊勢丹の方が野武士的・体育会系で三越の方はスマートな感じだけれどもね。

天　会見で武藤さんは「伊勢丹では広く浅く様々な分野を手掛けるよりも、ひとつの分野で専門性を突き詰めていくと、その経験は他の分野でも生かせるので、そういう人の育て方をしている」と話しています。

三　大西さんは、上司だった中込さんとともに、2003年にメンズ館をオープンして成功に導いた立役者の一人でメンズのスペシャリストの印象が強いね。

天　会見でも、武藤さんは「レディスの立て直しには、従来レディスを手掛けて来た人では難しいかもしれない。メンズで実績をあげた大西君は新しい視点から難局打開の方策を見つけてくれるだろう」と話しています。メンズ閥の巻き返しという見方もありますね。

三　伊勢丹のトップには、いわゆる商品の見極めを基本にしたMD派出身と、全体の数字を前提に商品政策を決定していく営業派出身の2タイプがあるが、大西さんはどちらかというとMD派出身。武藤前社長もやはりMD派出身だと思う。そうは言っても、社長ともなれば、バランス感覚が求められるわけで、そのあたりの柔軟性は十分に持ち合わせている。また腰が低くて謙虚な人柄で芯が強いということになるとやはりこの人だったのかな。

天　前述の指名委員会は社外取締役3人を含み、その3人のうちの1人が委員長ということですが、資生堂の池田守男・相談役（前社長）がそうなんでしょうか？

三　そう思うがね。でも、現在百貨店業界の盟主と言ってもいい伊勢丹社長を決めるというのはそんな簡単なことでもないと思うよ。大株主や、取引先大手の意向もあるからね。

天　6月1日に早くも5月の百貨店売上高速報（6月8日号P．3）が出ましたが、凄まじい落ち込みですね。陰の極と言ってもいいんじゃないでしょうか。

三　大西洋・新社長は、タイセイヨウとも読める。暗雲を振り払って百貨店大航海時代の船長として頑張って欲しい。

NOTE

伊勢丹の大西社長はこの連載の直後のインタビューで「ああ、私の社長就任を意外人事と書いてましたね」と皮肉な表情は一切ない微笑で挨拶。しかし、大変な時期の社長就任である。高級化路線を推進し他店の一歩先を行っていた伊勢丹だが、むしろその高級化路線は負担になっている。大西社長に後を託した武藤信一・社長は翌年1月6日に逝去。

57

Jun. 15 2009

ブランド買収の新しい担い手

三浦彰・弊紙編集委員（以下、三）　日本国内のファッション市場は5月、惨澹たるものだったが、日経平均株価は6月11日1万円台を回復し、なにか底打ち感みたいなものが出ている感じもするけれどもね。変な言い方だが、これだけ悪いと、来年の今頃は前年の数字を割り込むのはなかなか難しいのでは。あくまでも前年比ベースの話だけれども。むしろ、この1ヵ月ぐらいをみると、海外でのファッション企業の破綻が多くなっているな。

村岡麦子・弊紙記者（以下、村）　ラクロワ社が破産法申請（6月1日号P.3）、「ヴェロニクブランキーノ」が破綻（6月8日号P.3）とデザイナーズ・ブランドが倒れています。「ブランキーノ」はオーダー激減と大量キャンセルを理由に挙げています。

三　一時の低迷期を抜けて、コレクションの評価も上がっていたのに残念だな。もうそういうレベルの話じゃないぐらい状況が煮詰まっているということかな。日本円で売上高が50億円以下のデザイナーズ・ブランドは一発でやられてしまう可能性がいつでもあるということかな。まだまだ続くな。

村　「ラクロワ」は三共生興ファッションサービスが輸入・販売していましたが、数年前代官山の直営店を閉め、今年1月には六本木ヒルズ店（けやき坂通り）、2月には赤坂サンローゼ店も閉店しています。ビジネスの継続はどうなんでしょうか。

三　「ラクロワ」はLVMH（モエ ヘネシー・ルイ ヴィトン）が初めて創設したブランドでベルナール・アルノー＝同社社長のご自慢のブランドだったが、業績悪化でアメリカのファンドに売却され、ここからも見離され破産法申請で、新たな買い手を探している。このパターンは最近多いが、ほとんど良い結果にはならないな。買い手も欧米や日本ではなくて、アジアの新興国が名乗りを上げるのが目につく。もう欧米日には、かつての栄光をベースにビジネスをしているビッグネームを買うだけの意欲も資金も余裕もないということなのだろうかな。

村　最近では、PPR傘下グッチ・グループの高級時計ブランドの「ベダ&カンパニー」がマレーシア拠点のラグジュアリーコンセプツ・ウォッチズ&ジュエリー社に売却されました（3月2日号P.3）。買ったのがマレーシアの企業と聞いてビックリしましたけどね。

三　ベルギーのデザイナーだとロシアのオイルマネーが入ってビジネスが復活したと言われている「アンドゥムルメステール」なんていうケースもあるが、「ブランキーノ」にはそんな気配もなかったようだな。もうロシアの企業・ファンドにもそんな余裕はないのだろう。

村　そうなると、ブランド売買市場でもアジア新興国に加えて、本格的に中国が名乗りを上げて来そうですね。

三　コピー大好きの中国だが、そろそろ「本物」が欲しいという段階に来ているのかもね。ところで、アクアスキュータム（以下ＡＱ）のキム・ウィンザーが辞任したね（6月1日号P.3）。

村　キム本人が仕掛けていたＭＢＯ（経営者による買収）をオーナーのレナウンが拒否したのが原因のようですね。レナウンは香港のＹＧＭと売却交渉中のようです。

三　どの程度の値段で交渉しているのか知らないが、欧米日の企業・ファンドの触手は伸びないということなのだろう。日本国内のライセンス権をレナウンが継続保有することが条件だと聞いているが、それでは欧米日には買い手がまずいないからな。

村　ＡＱ本体は赤字が続いていますが、やはりブリティッシュ・オーセンティックを代表するバーバリー・グループの3月31日付決算も、営業利益、最終利益ともに赤字でした。売上高は前年比20・7%増えているのですが。

三　そりゃちょっとした事件だな。日本からのロイヤリティ収入は、アパレルの三陽商会、ハンドバッグの西川を中心にして１００億円内外。それを入れて１、８００億円のビジネスで赤字というのはシンドいな。日本ではアパレル以外の商品のインポート商品強化を進めている。

村　経費削減プロジェクトの費用が利益を圧迫したようですね。

三　それにしてもだ。「バーバリー」はいわゆるハイ・アパレルではなく、ラグジュアリー・ブランドを目指しているのだろうけれども、今期以降どうリカバリーしてくるのだろうか。英国2大オーセンティックブランドの今後には注目だな。

村　いずれにしてもしばらくはこうした暗い話題にはこと欠かない感じです。

三　国内外ともにそうだね。底は見えつつあるが、待てば海路の日和ありとしか言えないね。

NOTE

「ベダ」を買ったマレーシアの時計小売チェーンが取り上げられているが、結局ラクロワは買い手がつかずに、細々とライセンスビジネスだけを続けることになった。破綻したブランキーノもスポンサーは見つからず「デルヴォー」（ベルギーのハンドバッグブランド）のクリエイティブ・ディレクターになった。デザイナーという職業、こんなに寂しい末路であっていいのかと思う。いずれ中国資本がこうしたデザイナーの救済に立ち上がるとは思えないが。

58

Jun. 22 2009

マルチ・レイシャル化

浦彰・弊紙編集委員（以下、三）　6月15日号（P.13）の「マルチ・レイシャル化が進む米国ファッション業界」の記事読んだ？

奥恵美子＝ファッション・ジャーナリスト（以下、奥）　マルチ・レイシャル（多人種）って聞きなれない英語だと思いましたが、要するに国籍はアメリカだけどルーツはいろいろってことですね。たしかにここ5年ばかりは、アジア系が目に付いていますね。なぜかあの記事では取り上げられていませんでしたが、日本で10万円前後のジャケットが昨年飛ぶように売れたアレキサンダー・ワンもサンフランシスコ生まれの中国系ですよね。

三　デザイナーだけじゃなくて、原宿で「黄色い旋風」を巻き起こしている「フォーエバー21」のオーナー兼デザイナーのドン&ジン・スク・チャン夫妻は韓国出身だし、今秋オンワード樫山が日本第1号店をオープンする「オープニングセレモニー」をやっている2人（キャロル・リムとウンベルト・レオン）の前者は韓国系、後者は母が中国系で父がペルー人。まさにマルチ・レイシャル（6月22日号P.6）。こういう記事をニューヨーク版の記者が書くのは1月20日に就任式があった米国初の黒人大統領であるバラク・オバマの登場と無縁じゃないと思うのだけどもね。

奥　それはあるかも。だって、就任式の時のミシェル夫人がイザベル・トレド（キューバ生まれ）のレモンイエローのドレスを着ていたし、就任後も台湾生まれのジェイソン・ウーをお抱えデザイナーみたいにしてますよね。うがった見方をすると、トレドの服はキューバとの宥和政策、ウーの服は台湾容認政策をそれぞれ表明しているともとれますよね。

三　ファッションを政治の道具にしたということだろうが、カストロからも胡錦濤からもリアクションはなかったようだけれどもね。いずれにしても白人大統領であったならまずありえないデザイナー・チョイスであるけれどもね。

奥　あの記事ではアフリカ系デザイナーは2人（トレイシー・リース、パトリック・ロビンソン）取り上げられていましたが、アフリカ系って簡単に言うと黒人デザイナーですよね。「黒人」って差別用語にいつの間にかなっているんですね。でも、オバマ政権下で黒人を特別に取り上げるというのもナンセンスだと思いますが。

三　でも、オリンピックの米国水泳チームに黒人選手を見つけるのが難しいぐらい、黒人デザイナーで有名になったのは少ないんじゃないか。私が知っている限りでは80年代にエイズで死んだパトリック・ケリーぐらい。

奥　ミラノ・コレクションで一時注目されたローレンス・スティール、イギリスではオズワルド・ボーテング、ジョン・ケイスリー・ヘイフォードが黒人デザイナーの代表格です。就任式でミシェル夫人が黒人デザイナーを選ばなかったのには黒人団体などから抗議が殺到したらしいですね。

三　あの記事で取り上げられていたマルチ・レイシャルなデザイナーの発言を読むと自分たちの出自に圧倒的な誇りを持っているのがわかる。むしろそれを武器にしている感じですらある。今どきのデザイナーは、エスニックの得意技をひとつやふたつ持っていないと勝負にならないからね。

奥　そういうの日本人は本当に下手というか奥ゆかしいんですよね。サムライやゲイシャルックをやれとは言わないけれども。あの顔ぶれに日本人が一人もいないというのも寂しい。韓国や中国と違って日本市場は巨大で面白いから米国に行く必要もないのでしょうかね。米国の韓国人社会なんか才能のありそうなデザイナーがいると総出でバックアップすると聞いています。米国の日本人社会にはそんな熱意はありそうもないですね。

三　そもそもニューヨーク・コレクションに毎回参加するというと小川彰子ぐらいだものね。まあビジネスマンでは、アン・クライン社、ダナ・キャラン社を創業した滝富夫さんていうビッグマンがいるけれどもね。その滝さんに仕えた後「セオリー」を日本、米国で大成功させているリッキーこと佐々木力氏もそのひとり。滝さんはタキヒヨーのトップを追われて米国に渡り、いわば裸一貫からの成功者、リッキーも弊紙の連載「ジェットコースター人生」で紹介した通り何度も死線を乗り越えて成功した。ハングリーと言うか根性のすわり方がちょっと違う。一方日本人で結構才能のあるデザイナーの卵で、ちょっと芽が出ないと「僕、日本に帰ります」と弱音が出たりするなんて話を聞いた。

奥　草食系男子ですか（笑）。今後マルチ・レイシャルの一群に加えられる日本人デザイナーがいるとすれば、やっぱり肉食系女子っていうことでしょうか。

NOTE

たしかにニューヨーク（NY）・コレクションは衰退する先進国のコレクションの中でもひときわ活気があるように思う。その原因は「マルチ・レイシャル」化であろう。特にアジア系の躍進が目をひく。その筆頭がアレキサンダー・ワンだ。ビジネスも順調だが、実はここからが正念場。たくさん新人が出ているのもNYだが、たくさん消えているのもNY。十年後にワンがトップデザイナーに登りつめている確率は50%だと私は思う。

59

Jun. 29 2009

「サカイ」大活躍

三浦彰・弊紙編集委員（以下、三）　弊紙前号（6月22日号）では、「サカイ」のデザイナー阿部千登勢さんがP.17でインタビュー欄に登場し、P.23のｅｙｅではＦＥＣ賞（デザイナー・オブ・ザ・イヤー）の贈賞式で「グッチ」のフリーダ・ジャンニーニと並んだ写真が掲載されている。同じ号に2枚顔写真が載るのは、弊紙ではきわめて異例。人気デザイナーと言っていい存在になったということかな。

麥田俊一・弊紙ファッションディレクター（以下、麥）　言われてみるとそうですね。「モンクレール」のデザイナーに選ばれて、「モンクレール エス」を来春にスタートするというのは、弊紙のスクープ（6月15日号P.3）でした。ジャンバティスタ・ヴァリ（レディス）、トム・ブラウン（メンズ）に続いて3人目の契約デザイナーです。以前レディスではファッキネッティ（前「ヴァレンティノ」）、前「グッチ」デザイナー）もデザイナーをしていたことがあります。コラボならジュンヤやゲスキエール（バレンシアガ）ともやっています。世界的なデザイナーと肩を並べたという言い方もできますね。

三　阿部さんの実力は知っているけど、海外のジャーナリストにとっては、“Who is Abe?”という感じなんじゃないかな。

麥　そうかもしれませんけど、国内はもちろん、海外では日本以上にセレクト・ショップでも売れていて、評価は高いですよ。

三　でも、コレクションショーをやるわけでもないし、直営店があるわけではないから、地味な印象だけれどもね。卸の商売だけでこんなに評価が上がるデザイナーというのは珍しいね。ショーをやりたい一心で歯をくいしばっているデザイナーが東京には多いというのにね。

麥　それは印象だけで、展示会で服をみると実によく考えられている、よくできているという印象ですね。ワールドクラスです。

三　今回のデザイン契約は、日本で合弁会社モンクレールジャパンを設立した八木通商が仲介していたということはないかな？　八木通商は日本のデザイナーを世界に送り出したいという思いを抱いている企業だからね。

麥　いやモンクレール社のレモ・ルッフィーニ＝会長兼クリエイティブ・ディレクターが直接、阿部さんに持ちかけた話のようですね。

三　なるほど。海外でもその実力はよく知られているということだ。たしかにセンスがある。夫君で「カラー」をやっている阿部潤一さんにも共通しているけれども。コレクションショーや直営店をやりたいという気持ちはないのかな？　3年ぐらい前に話した時は、ショーはやってもいいという感触だったけれどもね。

麥　それはあるかもしれませんけど、ショーのために服を作るという気持ちは全くないようですね。店をやりたいということはあるでしょうね。インナーウエアもあるし、メンズも今春からスタートしていますから。

三　来春発売の「モンクレール エス」は3色14型で、小売価格は7万～9万円と決して安くはないが、手の届かない値段でもない。ずばり売れそうな感じだな。今年4月に設立されたモンクレール ジャパンへのルッフィーニ会長からのプレゼントということかな。「サカイ」の購買層はどんな感じなのかな。なんとなく価格帯もアッパー・ミドルで30代から40代の女性が中心で、20代というのはあまりいないだろうな。ニットウエアが30～40％程度あって体型カバーも容易なんだろう。

麥　ウチの会社でもよく見ますけど、20代後半もいるんじゃないですか。でも海外でよく売れているということは、やはり30代、40代がメインでしょうね。

三　東京のデザイナーが手掛けるレディスブランドが成功するには、やはりそうした年代をターゲットにしないと難しいと思う。「サカイ」はそういうことをよく理解して服づくりしていると思うな。自分のやりたい放題をやっていてもビジネスは難しい。いろんな意味で「サカイ」を見習ってほしいデザイナーは東京にはたくさんいるな。年商は10億円程度あるんだろ？

麥　それ以上売っていると思います。

三　あんまり褒めてもなんなんで、ひとつ苦言を呈すると、「サカイ」というブランド名はなんとかならないのかな？　なんか引っ越し屋さんみたいでね。

麥　旧姓らしいですが、アルファベットならSACAIです。本人は気に入っているらしく、「変える気は全くありません」ときっぱり言っています。

三　しかし、ねえ。まあ、ブランド名にもこだわらない、そういう気持ちが成功の要因のひとつということかな。

NOTE

私は辛口なんて言われているが、長年こういう商売をしていると、むしろ甘口だし、媒体に属しているから卑怯だがやむを得ず二枚舌も使う。が、ここ数年の「サカイ」の仕事ぶりには正直脱帽である。ファッションショーが単なるイベント化していると言っていいこの時代で、展示会でここまでノシ上がって来たのはむしろ当然だろう。ホテルクリヨンで初めて展示会を見た時（2005年10月）の驚きが忘れられない。

60

Jul. 6 2009

「無政府状態」

三浦彰・弊紙編集委員（以下、三）　前々号（6月22日号）の巻頭特集は、「H&M、フォーエバー21（F21）の次にくるのはコレだ！」だったけど、問い合わせが殺到していたね？

松下久美・弊紙デスク（以下、松）　主に業界関係者からです。この不景気で、従来型の国内商材では売り切れないと考えているメーカー、小売業者が多いのではないでしょうか。とりあえず年内オープンが決まっているのは「ロンハーマン（RH）」（8月29日）、「オープニングセレモニー（OC）」（8月30日）、「アバクロンビー&フィッチ（A&F）」（12月15日）の3つ。日本進出が決定しているのは、セクシー・ランジェリーの「ヴィクトリアズ・シークレット（VS）」。それに上陸間近と見られているのが、アーバン・アウトフィッターズ（UO）社の「UO」と「アンソロポロジー」などです。

三　日本人がすでに大量に買っている「A&F」が大型店を作って人気店化するかな。「VS」についても、すでに「ピーチ・ジョン」がオイシイところはみんな持って行ってる気がするが。

松　「A&F」「VS」は、店頭はもちろん、通販でも、日本人の購買が売上高のかなりのシェアを占めているそうです。商品的にも受け入れられると自信を持っています。また、「Ｆ２１」の上陸前とは比べ物にならないくらいブランド認知度も高いです。「H&M」「F21」が日本で成功できるんだったら我々だって！　という思いがあるようです。それ以上に、「A&F」は既存店が伸び悩んでいるうえ、大人向け業態として開発した「リュエル」も事業撤退を決めました。「VS」もすでに１０００店舗以上店舗網がありますし、不景気だとはいえ世界的に見れば消費意欲が旺盛で、ファッション感度が成熟した日本市場には、進出せざるをえないタイミングなのでしょう。

三　そううまく行くかな。2大ビッグブランドのほかでは、個性派のセレクトショップが多いね。私個人はもうすでに日本ではセレクト・バブルが弾けているような印象を持っているけれど。

松　「OC」はオンワードホールディングス、「RH」はサザビーリーグと組みます。提携先の日本企画商品や宣伝力、店舗運営力などにもよりますが、「キットソン」が成功していますし、話題を呼ぶと思いますよ。まあ、モードとリラックスカジュアルをミックスする大人向けの「RH」はファッション上級者というか上質生活者向けなので、定着するまで時間がかかるとは思いますが。新しいものと伝統的なものをミックスしている「OC」は本当にユニークな店です。90年代のセレクトショップを彷彿とさせるような「濃さ」と独自のフィルターを持っていますから、成功すると思います。それに、日本企業の出資で、東京に自分たちの世界観を反映した店を作れるなんて、最高ですよね！ライセンス料も入りますし。一石二鳥ですね。

三 ところで、「H&M」と「F21」はその後どう？

松 「H&M」は昨年12月〜今年5月までの6ヵ月の売上高が2店舗で約57億円でした。一時は失速したかに見えましたが、「F21」が隣に出店したことで原宿店の入店客数・売上高ともに伸びていますし、いわゆる「H&M」の旗艦店（3000㎡規模）の半分ほどのサイズで1店舗で年商50億〜60億円なら上出来です。銀座店も「せっかく銀座に来たからには何か買って帰りたい」というミセスやOLたちのマインドをつかんでいるのか、百貨店よりよっぽど混雑してますよ。「F21」は逆に客数が多すぎてお客さまに迷惑をかけているとうれしい悲鳴を上げています。しかも、開店以来、どんどん客数が増え、5月31日には1日に2万3000人も来店したとのことです。開店直後よりも1ヵ月後に集客のピークを迎えるなんて、日本人の行動は本当に面白いですよね。4月29日のオープン後1ヵ月で入店客数は43万人、月商は10億円に届いている可能性もあり「H&M」を上回っています。外資企業が〝ジャパニーズ・ドリーム〟を抱くのもうなずけますね。

三 しかし、「GAP」「ZARA」などの先行組もファスト・ファッションブームに引っ張られる形で好調、国内組の「ユニクロ」「しまむら」は天下を取る勢い。心配なのは、ブームが終わった後も、「洋服の価値」「洋服の価格」についての一種の「崩壊感覚」が元の状態に戻るかどうかという点だ。

松 それはラグジュアリー・ブランドも含めたいわゆる「百貨店ブランド」全体が持っている懸念だと思います。

三 「崩壊感覚」というか、一種の「無政府状態」。日本ではファッション業界だけじゃなくて、政治の世界でも「無政府状態」が長く続いているからな（笑）。

NOTE

日本のファストファッションの歴史は、昨年の「H&M」日本初上陸がまだ発端に過ぎない。これからまだまだ上陸を狙っているブランドは多い。その度にこんな調子で狂騒曲を演じるのかと思うと実に気が重い。それより「洋服の価値」「洋服の価格」についての一種の崩壊が進攻するのが恐ろしい。80年代後半のインポートブーム、90年代のラグジュアリー・ブームとはその津波の高さはケタ違いなのである。

61

Jul. 13 2009

海外メンズ・コレクション

三浦彰・弊紙編集委員（以下、三） ピッティ、ミラノ・メンズ、パリ・メンズと3週間の出張だったんだね。全体的な印象はどうだったの？

村上要・弊紙メンズファッションディレクター（以下、村） 特にパリ・メンズでは、ビッグメゾンでも空席が目立つぐらい、来場者が激減していて驚きました。バイヤー、ジャーナリスト、スタイリストのいずれも少なくなりましたね。正直、次のメンズマーケットを引っ張るような大きな流れもなく、寂しさを禁じえませんでした。編集者はキーワードが見つからないと嘆いているし、バイヤーもこれじゃ売り場が作れないと泣いていましたね。

三 「ドルチェ＆ガッバーナ」が大御所になり、「ディオール オム」からエディ・スリマンが抜けて（2007年）以来、簡単に言って、メンズシーンには「華」がなくなったね。強いて言えば「ランバン」とラフ・シモンズの「ジル・サンダー」ぐらいじゃないのかな。「ジル・サンダー」は前号の表紙になっていて、中面でも詳しく扱っていたね。あのプリント、藤田嗣治（ふじたつぐはる／1886～1968）だったんだ。なんでまたフジタなの？

村 ラフが言うには、20年代のエコール・ド・パリの画家を調べているうちに、フジタの絵に出合って魅了されたそうです。昨年が没後40年で、各地で回顧展が開かれていました。

三 私は、新しいオーナーである日本のオンワードホールディングスへのリスペクトかな、なんて勘繰っていたけどね。別会社のオンワード商事で美術・宝飾のビジネスも手掛けているから。ウエアもいいけど、この表紙ヘアスタイル、ボブヘアというか、はやりそうじゃないか？

村 そのボブもメガネもフジタ画伯本人を模したということでした。ミラノの初日でしたから、モデルたちはこのヘアにかなり難色を示したようですが。

三 パリで日本人がウケるには、ボブヘアがイイのかな。「コムデギャルソン」の川久保玲さん、コシノジュンコさん、日本人初のパリコレ・モデルの故松本弘子さん、人気モデルだった故山口小夜子さん、大内順子さんもそうかな。ファッション界よりも、ヘアメイクに影響が出るかも。

村 すでに原宿界隈では、後ろ髪をガッツリ刈り上げるスタイルがはやっていますよ。ピッティの「アンダーカバイズム」は、モデルのもみ上げを全部カット。ヘアでも、従来型の男らしさって減りましたね。

三　トム・ブラウンがデザインした「モンクレール ガム・ブルー」も好評だね。

村　ド定番のアウトドアスポーツをテーマに、プールサイドのショーでした。相変わらずトム流のウィットに富んだ演出でしたが、「着られる」服が増えていました。

三　トムブラウン社は経営陣が代わり、なんと日本のクロスカンパニーが少数株式を取得（7月6日号P.3）。石川康晴・社長が最高財務責任者（ＣＦＯ）に就任する予定だ。

村　なんかスゴいことになりそうですね。

三　詳細はまだ明かせない段階らしいがね。またメンズ・コレクションの話に戻るけど、さっき出て来た「ジル・サンダー」の「フジタの乳白色」もそうだが「白」が多いね。春夏と言ってもそんなに売れるもんじゃないだろ?

村　バイヤーたちもその点をこぼしていましたね。イタリアの伊達男ならまだしも、日本人の〝白パン〟って、まだまだ違和感がありますからね。それと、ジャケットが多く登場しています。やっぱり売り上げを取るには、ミドルエイジにジャケットを売るしかないということでしょうか。ライトな感覚の羽織り物という感じですけれどね。素材では、ビスコースに注目です。

三　最近の若者、特にオシャレな男子というのは、就職活動でもスーツを着ないらしいからな。

村　ＵＡ原宿本店のスタッフも、「就活なのに、スーツじゃなくて大丈夫ですか？」って尋ねることがあるそうです（笑）。売る側が心配するらしくて。

三　よほどジャケットっぽくない、襟付きのトップス風じゃないと選ばれないからな。前号のオーバーシーズ・ニュースでは、「ソフト・テーラード」に注目とあったけどね。今秋冬では、ウールジャージーのジャケットが数多く登場していたが、売れるかな?

村　やっぱり「ランバン」は、そのあたりがウマいと思いましたけれどね。今さらの感はありますけれど、来春夏はトレンチコートとサマーニット、デニムも復活しそうです。

三　それとなかなか燃え上がらないダブル・ブレスト。春夏でも注目と書いていたけど、どうなの?

村　ここまで来るともう執念ですよ。

NOTE

「ディオール オム」からエディ・スリマンが抜けて(2007年)以来、メンズファッションシーンには「華」がなくなったと嘆いているが、ここで最も注目されるのは、日本で急成長を続けるクロスカンパニーが経営難に陥っていたトム・ブラウン社の少数株式を取得(後に買収)したことが明らかにされていること。日本のファッション企業、それも新進企業が国際的に名の知れたデザイナー企業を買収するような時代になっているのだ。

62

Jul. 20 2009

「グラン・サンク」

有門奈々・弊紙記者（以下、有）　三浦さんに原書をお貸ししていた本（「DELUXE : HOW LUXURY LOST ITS LUSTER」）の日本語版「堕落する高級ブランド」（講談社刊、１６８０円）が出版されましたね。こんなヤバイ本、日本で出版したらその出版グループ内のラグジュアリー・ブランド（以下、ＬＢ）の広告がなくなるから、出版するとしても、雑誌をやっていない小さな出版社からじゃないかと予想されてましたけど。

三浦彰・弊紙編集委員（以下、三）　出たね。しかも、講談社という日本最大の出版社からだから驚いたね。敬意を表したい。さすがに、相撲協会と争った「週刊現代」や「日刊ゲンダイ」を持っているグループだよね。しかし、原書の表紙（某ＬＢのロゴがついたファストフード風の紙コップやトレイなど）はもっと辛らつだった。でもＬＢに配慮したカットはほとんどないね。

有　そのようですね。笑えないエピソードが多いです。

三　日本に限らず、中国・インドを始めとした新興市場を除くと、２００４年から２００５年にかけて、いわゆるハンドバッグをキーアイテムにした大衆化戦略による一種のラグジュアリー・バブルは終焉していて、その後の5年間は「水準訂正」が行なわれている最中だ。

有　水準訂正？

三　そのブランドにとっての「適正規模」はどれくらいかということ。その水準まで縮小するのは避けられない。大衆化戦略の結果として本来購入しないような人たちが、ラグジュアリー市場からある程度去っていくのはやむを得ないし、またニュー・リッチとか新富裕層と呼ばれていた層もこの市場からほとんど姿を消してしまっている。

有　水準訂正されたＬＢの適正水準というのはどれぐらいなんですか？

三　２００４年がピークだとして、その60～70％程度ではないかと思う。

有　そんなに落ち込んでいるんですか。そんな中でＬＢが生き残るための条件って何ですか？

三　購買が景気にほとんど左右されない本来の顧客が逃げてしまわないようにプレステージを維持することだろうね。この顧客が離れてしまってはＬＢがＬＢであることの核がなくなる。

有　でも、最近はＬＢのなりふり構わぬバーゲンが目立ちますよね。私たち一般人にとっては嬉しい限りですが、定価で購入することの多い上顧客が離れてしまう危険がありますよね。

三　従来なら上顧客に対する感謝を込めた高級ホテルでのシークレットバーゲンや、店頭に来た馴染み客へのささやきバーゲン（お客様、奥の方にお値打ち品がございます）なんかが、LBの常套手段だったが、こんな上品で可愛らしいのは、もう昔話だね。

有　そう言えばフランスのグラン・サンク（五大宝石商）のひとつである「モーブッサン」のプロモーションが話題です。6月1日には0・1カラットのダイヤ5000個を無料で配り、第2弾として、7月10〜14日までフランス革命（1789年）記念と称して、17・89％オフで人気コレクションを販売すると同時に、祝日にちなんだパンの「ブリオッシュ」を配っていました。広告も公称1000万部と日本最大部数を誇る読売新聞に特化しています。

三　いやあ、なりふり構わぬどころか、知名度アップのための捨て身の大作戦だね。LBの従来の大衆化戦略なんて目じゃない、一種の「革命」だな。どんなマーケティングの本にも、「慢性的なバーゲンは一時的な売り上げに貢献しても、長期的にはそのブランドの価値を毀損する」と書かれているはずで、この戦略が功を奏するのであれば、あらゆるマーケティングの本は書き換えられるだろうな。最終日の7月14日の午後3時頃銀座本店をのぞいてみたが、カップルが1組いるだけだった。17・89％程度のオフじゃ効果はないようだ。グラン・サンクの「ショーメ」「ヴァンクリーフ&アーペル」「ブシュロン」の先行3ブランド（「カルティエ」は別格でグラン・サンクには数えない）に追い付けという焦りがあるのでは。残りの「メレリオ・ディ・メレー」も桑山の関連会社エヌジェーにより本格上陸を果たしたが、定着には時間がかかりそうだね。

有　一連のキャンペーンは、パリとニューヨークでも実施されました。本社のアラン・ネマルク＝会長の発案だと聞いています。お祭り好きのユニークな方らしいですよ。ただ、2キロも行列をしたのは日本人だけ（笑）。消費者側からしても、LBの存在意義はすでに大きく変わってきているようです。

三　なんか世も末だね。

NOTE

「堕落する高級ブランド」の日本語版が講談社から出版された。「大衆化」戦略のために犠牲にすべきことも多くなっているのだろう。また、「グラン：サンク」（フランスの五大宝石商のこと。革手袋商からジュエラーに進化したカルティエは含まれない厳格さ）のひとつの「モーブッサン」が0.1カラットのダイヤを無料で5000個を日本を始め世界の大都市で配った蛮行は、後世のファッション史家が必ずや取り上げるエピソードになるだろう。

63

Jul. 27 2009

「１Ｑ８４」のファッションを斬る

三浦彰・弊紙編集委員（以下、三） 前号（7月20日号）のファッション・パトロール「Ｑがキュー上昇って本当？」（P.24）はなかなか面白かったね。

林可愛（はやしかえ）・弊紙記者（以下、林） 村上春樹が今年5月に出版した小説「１Ｑ８４」が早くも上下合わせて２００万部を超える大ベストセラーになっているのと「UNIQLO」が相変わらず絶好調で売上高・利益の最高記録を更新しているのを引っ掛けたコーナーでした。「Ｑ」は不況に強いんでしょうかね？ うちもＷＷＱジャパンに改名しましょうか（笑）。

三 それはともかく、「１Ｑ８４」がベストセラーになることで、クラシックＣＤのヒットチャートでも、異変が起きている。盲目のピアニストで6月にヴァン・クライバーン国際ピアノコンクールで優勝した辻井伸行のＣＤがダントツで売れているのはわかるが、そのすぐ後にジョージ・セル指揮クリーヴランド管弦楽団が演奏した「シンフォニエッタ」（ヤナーチェク作曲）がランクインしている。

林 「１Ｑ８４」の冒頭は、主人公のひとりである青豆（あおまめ）女史がタクシーのＦＭラジオから流れてくるその曲を聴く場面です。後日青豆は自由が丘のレコード店でセル盤を購入します。もうひとりの主人公である天吾（てんご）君（29歳）も、下巻の第2章で同じ曲のＬＰを聴きながらワープロ（１９８４年なので）で文章を書いている。こちらは、小澤征爾の指揮するシカゴ交響楽団による演奏のＬＰ。

三 現在セル盤は2万枚以上売れていてクラシックＣＤとして異例のヒットになっている。小澤盤も売れている。

林 ところで「１Ｑ８４」は１９８４年という時代設定ですから当然登場人物は現在注目の80年代ファッションを身にまとっていますね。

三 たとえば、青豆は「シャルル・ジョルダン」の栗色のヒール、「ジュンコ・シマダ」のグリーンの薄いウールのスーツ、スカートはミニ（上巻、P.25）。シングルズ・バーで男を物色するとき（同P.２３６）は、「カルバン・クライン」の鳶色ジャケットの下に淡いブルーのブラウスを着て、紺のミニスカート。完全なボディ・コンスタイルだね。で、女性警官の友人あゆみと食事する（同P.３３４）青豆は、ブルーグレーの半袖のワンピースに白い小さなカーディガンを羽織り、「フェラガモ」のヒール。イヤリングと細い金のブレスレットに、小さな「バガジェリ」のピース。スポーツインストラクターにして実は殺し屋の青豆は結構ブランド好きみたいだな。笑えるのは一方の女性警官のファッション。「コムデギャルソン」のシンプルな黒いジャケットに、襟ぐりの大きな茶色のTシャツ、花柄のフレアスカートに、「グッチ」の小振りなショルダーバッグ、小さな真珠のピアス、茶色のローヒール。作者も「まず警官には見えない」と言い訳しているが、父も兄も叔父も警官のあゆみが、80年代前半一種の「反権力」「反体制」みたいな姿勢を色濃く打ち出していたブーム目前の「ギャルソン」を着ているのは相当におかしい。それに84年に「グッチ」を持っているような女が警官になるわけはないと思うがな。せめて「レノマ」だろうけど。だいたい84年の女殺し屋（29歳）なら「アルマーニ」の生成りのノーカラー・パンツスーツを着ているのではないかと個人的には思うけど。ついでにメンズについても、ちょっとおかしい個所がある。「不動産を扱う仕事をしていると彼らは言った。しかし着ているヒューゴ・ボスのスーツやミッソーニ・ウォーモのネクタイを見れば、彼らの勤務先が三菱や三井といった大手不動産ではないことは推察できた。（中略）一人は真新しいアルファロメオのキーを持っていた」（上巻、P.515）とあるが、アルファロメオに乗る80年代の不動産成金が着ていたスーツはやはり「ヴェルサーチ」か「アルマーニ」で「ヒューゴ・ボス」や「ミッソーニ」なんかでは絶対にない。

林　まあ小説ですから、そんなに興奮しないで下さい。そう言えば、三浦さんは村上春樹がやっていた喫茶店に入ったことがあると話してましたね？

三　実は70年代の初めに国分寺界隈で待ち合わせ場所にしていた「ピーター・キャット」というジャズ喫茶があったが、今にして思うと経営者兼マスターが村上春樹だったんだ。いわゆるトッチャンボーヤみたいだったな。津田塾大生や武蔵美生がたむろしていたな。

林　青豆の男性の趣味は少し禿げた中年らしいですから、三浦さん、声かけられるかもしれませんよ（笑）。

三　青豆って殺し屋だよね。誰か私に怨みを持った奴の依頼で殺されるのがオチだな。

NOTE

2009年最大のベストセラーになった村上春樹の「1Q84」にはファッションの記述が少なくないが、ブランド表記など（「ジュンコ・シマダ」は「49AVジュンコ……」だし「カルバン・クライン」も「カルヴァン……」と書かれたり）キズがある。村上春樹がデビューする前にやっていた国分寺の「ピーター・キャット」というジャズ喫茶には数度入ったことがある。トッチャン坊やみたいなマスターだなと印象に残っている。70年代後半のことだ。

64

Aug. 3 2009

人事異動と組織改編メモ

三浦彰・弊紙編集委員（以下、三） 前号（7月27日号）のメモ欄を見ていると雑誌の編集長人事とLVMHグループの人事異動がやたら多いね。

紀本知恵子・弊紙デスク（以下、紀） まず小学館では「プレシャス」「ドマーニ」「美的」の編集長がそれぞれ交代。小学館では3月にも人事異動があって、「CanCam」「オッジ」「PS」の編集長交代がありました。

三 雑誌不況を乗り越えるべく、新しい風を吹き込むということなのかな。「プレシャス」の橋本記一（前新雑誌企画室プロデューサー室長）は帰り咲きだけれどもね。光文社でも「JJ」「クラッシィ」でそれぞれ篠原恒木氏、平山宏氏が最近編集長に再登板した。

紀 マガジンハウスでも「アンアン」「ポパイ」「クロワッサンプレミアム」の編集長が各々交代しました。注目されるのは「ポパイ」の熊井昌広・前編集長が「アンアン」編集長に就任したことですね（8月3日号P.34&P.35）。

三 「ハナコ」の部数を編集長就任後1年間で倍増させた北脇朝子・編集長と並び、熊井氏は「ポパイ」のメンズファッション誌化を成功させた期待の星とも言える存在だが「アンアン」をどう変身させるか注目だね。

紀 北脇編集長は職人肌で、確かな編集技術とその雑誌に賭ける情熱には学ぶものがありました。私が会った編集長では、世界文化社の児島幹規・「ビギン」前編集長（現同誌総編集長兼「メンズEX」編集長）が同じタイプでしたが、「ビギン」は好調が続いていますし、その手腕が買われて「メンズEX」の編集長も任されたようです。

三 やはり編集長が十分に手腕を発揮している雑誌というのは、こんな厳しい時期でも部数を伸ばしているようで、「レオン」に肉薄していると言われている「サファリ」（日之出出版）の榊原達弥・編集長もそのひとりだと思う。

紀 それにしても、モード誌を始めとして今年に入ってからの雑誌の消化率は厳しい限りですね。

三 昨年から15〜20ポイント下がっている。50%を越えたら合格という水準。懐が寂しいのか書店離れが進んでいて、これがいつ戻ってくるのかな。

紀 出版社で言うと60万部発行の「スウィート」、8月売りで50万部を発行する「スプリング」、9月売りで50万部を発行する「インレッド」が話題になっていて、宝島社のひとり勝ち状態ですね。好調の原因は巷間言われている付録効果だけではないようです。

三　読者目線の編集というのかな、これが徹底しているな。宝島社の場合、上から目線のマーケティングというのではなく、編集者がある意味、読者の代表みたいな「共感」で雑誌を作っている感じがするね。

紀　人事異動・組織改編というと、やはり前号のメモ欄でLVMHグループ関連が3つありました。まず、セリーヌジャパン カンパニーのプレジデント&CEOに、小田切賢太郎・前ギャップジャパン副社長兼バナナ・リパブリック・マネジングディレクターが就任しています（同号P.29）。

三　小田切氏はバーニーズ・ジャパン出身。「バナナ・リパブリック」を100億円ブランドに育てた実績がある。機を見るに敏というか、「セリーヌ」のデザイナーがフィービー・フィロに代わったのを受けた転身みたいだね。フィービーは「クロエ」を再生させて人気ブランドにした立役者だが出産を機に退任していた。マイケル・コース退任後、話題になることが少ない「セリーヌ」でどんなスタイルを見せるのか。ラグジュアリー・ビジネスは初めての小田切氏ともども注目だね。

紀　ルイ・ヴィトン ジャパン カンパニーのギヨーム・ダヴァン＝セールス&マーケティング シニア ヴァイスプレジデントも7月31日付でLVJグループを退社し、プライベートショッピングコミュニティサイトを運営するGLSジャパンのCEO（最高経営責任者）に就任しました（同号P.3）。

三　ダヴァン氏は「ヴィトン」の前はパルファン・クリスチャン・ディオール・ジャポンの社長も務めるなどグループ内でも高い評価を受けていたが、今回の転身はいかにもeコマース新時代を象徴する出来事だね。

紀　さらにヴーヴ・クリコ ジャパン（VCJ）がその業務を現MHDディアジオ モエ ヘネシー（10月1日から社名変更してMHD モエ ヘネシーディアジオ）に移管しますね（同号P.37）。

三　グループ内の統合で経営合理化を図るのが狙いだ。一時のシャンパン・ブームで「ヴーヴ・クリコ」「クリュッグ」という2大ブランドを持っていたVCJはかなり業績を伸ばしていたし、ユニークでラグジュアリーなイベントやPRが評価されていたのに、統合でどうなるかな。

NOTE

雑誌の編集長交代もこの不景気で多くなっている。ただしカムバック組が多いのが気になるところだが、たしかな編集技術を持っている職人芸の編集長の仕事は手堅い気がする。またラグジュアリー・ブランドの世界で2010年最大の注目ブランドが「セリーヌ」だろう。デザイナー、及び本国経営者が変わり、日本のトップにギャップで「バナナ・リパブリック」を軌道に乗せた小田切賢太郎・ギャップジャパン副社長が就任する。役者が揃って再生なるか。

65

Aug. 10 2009

百貨店の行くべき道

松下久美・弊紙デスク（以下、松）　前号（8月3日号）のｅｙｅ（P.23）の松屋銀座2階の「インターナショナル雑貨フロア」のオープニングパーティにはちょっと驚きました。２０００年代初頭の「ラグジュアリー・バブル」を思い出しました。こんな時期に大丈夫なんですか？　という感じで。

三浦彰・弊紙編集委員（以下、三）　バブってる感じはするが、導入ブランドを見てみると、ほとんどこの氷河期でも前年をクリアもしくはそれに近い数字をマークしている、「生きている」ブランドばかりだね。

松　新規導入の「プラダ」がメインのようですが、三越銀座店の雑貨売り場はなくなるとして、松坂屋銀座店近くの路面店はどうなるんでしょう？

三　移転の噂もあるが、どうなるんだろうかね。

松　ところで松屋銀座の「プラダ」（３１６㎡）と「ミュウミュウ」（１３６㎡）、それぞれどれくらい売れます？

三　両方合わせて年商15億円というところかな。売り上げは、今の勢いからすると半々というところかな。

松　「ジミーチュウ」は今、絶好調ですが、みゆき通りの路面店とは自社競合はしないんでしょうか？

三　取扱先のブルーベル・ジャパンによるとむしろ相乗効果が上がっているというから本当に元気だね。

松　さらに松屋のリニューアルは続いて、9月2日には１階に「シャンテカイユ」、9月9日には3階に「トリーバーチ」、9月12日に2階に「コーチ」、9月上旬に「マークジェイコブス　コンテンポラリーショップ」がそれぞれオープン。「コーチ」は、晴海通りの旗艦店と有楽町阪急のインショップがありますが、銀座3店目の出店ですね。売り場面積が1・8倍になる大規模リニューアル（２０１０年秋オープン）を行なう銀座三越と松屋銀座のブランドをめぐる駆け引きの火ブタがすでに切られている感じがしますね。「コーチ」と言えば、前号のザ・ニュース（８月３日号P.３）でも紹介されていますが、米コーチ社のプレジデント兼エグゼクティブ・クリエイティブ・ディレクターであるリード・クラッコフが新ブランド「リードクラッコフ」を来秋にスタートさせますね。

三　現在の「コーチ」を築いた論功行賞的な意味合いもあり、クラッコフ自身のブランドは、いずれ登場するだろうと言われていたが、この時期にスタートとはね。もちろんコーチ社の傘下企業になる。確かに不振をきわめるラグジュアリー・ブランドに比べて、アフォーダブル・ラグジュアリー（買いやすいラグジュアリー）を標榜する「コーチ」は全世界の売り上げでも前年をキープしているから大健闘と言えるだろうし、日本でもまずまず堅調。ここでクラッコフによる新ブランドで攻勢を掛けるというのも肯ける。どの程度の規模になるものか、アパレルの比重はどれくらいなのか、まだ判然としないが、話題になりそうだ。ところで日本の百貨店の動向だが、松屋銀座2階のラグジュアリー化とは真逆の動きが出ているね。日本経済新聞の7月24日付朝刊の第一面で報じられていたが「ユニクロ」の大手百貨店への一斉出店。特に新宿高島屋への出店には驚いたが。

松　すでに日本では東武百貨店、英国ではセルフリッジにメンズ単独店を出店するなど百貨店戦略は着々と進攻しています。新宿高島屋も驚きではないです。退店が決まっているベスト電器の跡地（タカシマヤタイムズスクエア11階約2500㎡）になるのではないでしょうか。

三　1500㎡の銀座の「ユニクロ」路面店は年商約40億円のペースに近づいているらしいね。

松　「ユニクロ」の今の勢いなら新宿高島屋でも約30億円は見込めるのでは？

三　たとえば、松屋銀座のリニューアル前の「ルイ・ヴィトン」が1000㎡で年商70億円の最高記録を持っているが、坪効率でもその40％近くということなら、これは食指が動いても不思議はないな。でも天下の一流百貨店が「ユニクロ」を売るというのもどうかな。高島屋の中でもケンケンガクガクあったのではないかな。

松　もうそんなことを言っている場合ではないし、「ユニクロ」を否定しても始まらない時代になっていると思います。低価格ベーシックカジュアルということで百貨店の中に売り場が定着するのも時間の問題だと思います。

三　やはり前号（P.3）で紹介したそごう・西武と田山淳朗&クロスプラスのPB（プライベートブランド）である「リミテッドエディション」（ジャケット1万2000円など）もこうした動きの一環。今のデフレ時代に適応する流れは、当面本流になりそうだね。

NOTE

こんな時期にインターナショナル雑貨フロアをオープンした松屋銀座だが勝算はあるのか。そのフロアにも店を構えた「ミュウミュウ」の人気はまだ衰えないが、多分に同グループ内の「プラダ」の顧客を吸引している。それと最近人気急上昇中の「ジミーチュウ」はやはりこの売り場でもひとり気を吐いている。なお本文中にある新宿高島屋のベスト電器跡は「ユニクロ」ではなく手芸用品・生地・ホビー材料専門店の「ユザワヤ」がテナントに決定。

66

Aug. 24 2009

ファッションと政治

三浦彰・WWDジャパン編集委員（以下、三）　弊紙では初テーマとして取り上げた「ファッション業界人の政治意識」だが、なかなかアンケートが集まらずに大変だったね。

永田三和・弊紙記者（以下、永）　斎藤和弘・コンデナスト・パブリケーションズ・ジャパン社長のように「政治的思想・信条に関しては一切公にしないと、大学卒業以来固く心に決めております」と明記されて返信されている方もある反面、実名を公開されてもよいという方が12人もいました。匿名の方も含め、アンケートに答えてくれた皆様の政治意識はとても高いですね。

三　まあ、意識が高いから答えてくれたということだろうけどね。

永　今までファッション業界人で政治の世界に入った人っているんですか？

三　渋谷区議に「数々六」というブランドの松田すずろく・社長が立候補して落選したことがある。西武百貨店の水野誠一・元社長は、さきがけ党から参議院に立候補して当選したことがある。水野氏はその後静岡県知事に立候補して落選。今はファッション業界を中心にコンサルタントをしている。ファッション業界からの支持をとりつけて、国会議員になるような人物がいても良いと思うけどね。ファッション行政を業界のためになるように方向付けするそれなりの人物が。

永　実際にドン小西さんなんかが色気満々みたいですね。

三　前出の斎藤社長も考えたことがないわけではないと言っていたな。やはり知名度はある程度ないとね。「チョイ悪」の岸田一郎さんなんかもその点なら合格だろうな。

永　官僚ではどうですか？　今の間宮淑夫・経済産業省製造産業局繊維課長兼ファッション政策室長なんか、いつもパーティにオシャレな装いで登場していて、ファッションに対する理解もアピール度もかなりですけど。

三　前任の宗像直子さんやその前任の山本健介さん（現住金物産執行役員）なんかは、ある意味で今のＪＦＷの形を作った人物であり、「ファッション行政のプロ」として出馬する資格があると思うけどね。

永　編集者はどうですか？

三　「ポパイ」（マガジンハウス）の小野寺慎一郎・編集長が神奈川県の県会議員になっているね。これはちょっと新しい傾向かな。

永　出版界に見切りをつけたということですか？

三　そうとも言えるけどね。でも国政レベルだと、編集者でもサラリーマン編集者じゃなくて、ちょっと個性派のカリスマ編集者じゃないと。編集者じゃなくても、それなりのインパクトがないと、集票は難しいだろう。例えば、「グリッター」の千原正子・編集長なんか面白いと思うよね。お父さんは有名野球選手だし、出馬したら少なくとも話題にはなるな。

永　デザイナーでは山本寛斎さん、三宅一生さんの名前が上がっています。

三　その２人ならまず当選確実だね。

NOTE

沖縄が日本に変換される（1972年）時の代償として日米繊維協定が結ばれて、日本の繊維輸出にブレーキがかかり、日本の繊維産業の衰退が始まったという説があるが、日本のファッション産業がなかなか日陰の存在を脱却できないのは、真の代弁者（変な利権屋は沢山いる）を国政に送り込めないからではないかと常々思っているがどうだろうか。この「ファッションと政治」特集はそれほど大袈裟なものではないが、政治に疎そうに見える業界人が意外（失礼！）にも高い（？）政治意識を持っていた!?

67

Aug. 31 2009

底はいつ打つのか？

天野賢治・弊紙デスク（以下、天）　今号が弊紙読者の手元に届く頃には、衆院選の大勢も決していると思います。株価なんかどう読んでますか？

三浦彰・弊紙編集委員（以下、三）　そんな予想させるな。従来だと自民党勝利なら株は上がるし、敗北なら下がったものだが、民主党政権誕生でもあまり株価は動かないはず。政策は大差ない。外交は経験がないから心配だと言われているが自民党の外交政策がうまく行っていたとは思えない。もうとっくに株価は織り込み済みのはず。

天　それにしても、なかなか消費は底を打ちませんね。8月も終わるというのに、まだセールをやっている店があります。ブランドイメージを傷付ける売れないセールを長引かせても秋物の立ち上がりを鈍らせるだけなのに。わかっちゃいるけどやめられないんですね。百貨店は前年比10％減以上、ファッションビルも前年割れ、１０９系も前年キープが難しくなって来ています。ヨウジヤマモト社の経営難が日経ビジネスオンラインで明らかになったり、水面下ではギリギリでやっている企業も多いんでしょうね。

三　「もうはまだ也、まだはもう也」と言うが、たとえば今年3月に、日経平均株価が７０００円を割り込みそうになった時も、まだ下値があるなと思っていたら、実はもう底値だったことが今にしてみるとわかる。そんな具合で、悲観論者が考えるほど悪くはならないし、楽観論者が考えるほど良くはならないのが世の中というもんだな。

天　なんか禅問答みたいですね。

三　大切なのは、底と天井を見極める現実主義者の透徹した眼力ということ。

天　さすが証券会社ＯＢ。でも、今号「この秋ニュースなファッション10連発」として特集しましたが、さすが8月末から9月初旬にかけては、店舗のオープニングや大規模リニューアルが目白押しですね。やはり悪いなら悪いように何かしら仕掛けないとさらに先細るという思いなんでしょうね。

三　むしろこういう時期なんだからこそ仕掛けていくというのは正論だし正しい判断。取り上げる方のスペースも平常の倍近いし対費用効果は絶大だと思う。それ以上にこういう時期に仕掛けられる「肝」と「金」があるというのはアピールになる。

天　今回のニュースに取り上げられたブランドや店の未来

は明るい!?

三　そんな単純な話ではないけどね。3歩進んで2歩下がる、いや3歩下がるという感じなんだろうね。ところで、8月24日号P.3で銀座の並木通りのことを取り上げていたね。

天　南青山の骨董通りほどじゃないですが、有力ブランドの退店が目につきますね。「J&R」「ヴァレンティノ」「ポール カ」の退店が決まっています。その他に退店の噂されている店舗は少なくないですね。「ポール カ」跡は、話題ブランドの日本初の路面店になります。

三　かつて銀座で最もラグジュアリーな通りと言われていた並木通りだが、やはり街の「重心」が北へ移動しているんだね。もっとも採算の取れているブランド店舗というのは「シャネル」「カルティエ」「ルイ・ヴィトン」を筆頭にしてほんのわずかだから、売り上げが激減すれば店の存続の見直しに入るのは当然だけどね。

天　相変わらずラグジュアリー・ブランドの日本での売り上げも厳しいですね。前号（8月31日号）の「オーバーシーズ・ニュース」（P.12）には、LVMH、クリスチャン ディオール クチュール、PPR、エルメスの上半期決算が載りましたが、「ルイ・ヴィトン」の「ハンドバッグと旅行鞄は全ての地域で好調だった」という記事を除くと、「経済危機の影響が最も顕著だった米国と日本では苦戦」（ディオール）、「日本での売上高はどのブランドでも軒並み伸び悩んでいる」（PPR）、「日本は前年比113・2％だったが、現地通貨ベースで同90・1％」（エルメス）という感じです。全体的には前年比90％を割り込んでいます。このゾーンはいつ頃から回復するのでしょうか?

三　これはブランドによってマチマチだろう。早いところでは、今春に復調気配のブランドもある。「シャネル」「エルメス」といったトップブランドはそんな感じになっていると聞いている。それ以外については年内はまだ底をうかがう動きになっているのでは。立ち直りは来年春あたりだろう。

天　消費者のラグジュアリー・ブランド離れが言われ、もう少し長引きそうだという意見も多いですが?

三　そんな酷いことにはならないと思う。リーマン・ショックに加えてファスト・ファッションの「大流行」なんていう事態もあり、必要以上に混乱している感じがしているだけでは。

NOTE

ここでも触れられているのが日経ビジネスオンラインがスッパ抜いたヨウジヤマモト社の経営難の実態が年末には破綻という形で現実のものになる。現状を必要以上に混乱していると分析しているが、現実は本欄にある通り悲観論者が考えるほど悪くならないし、楽観論者が考えるほど良くはならないものである。なお並木通りの「ポール カ」跡は話題ブランドの日本初の路面店になるとあるのは「トリーバーチ」のことである。

68

Sep. 7 2009

何が売れている？

林可愛（はやしかえ）・弊紙記者（以下、林）　昨晩（8月31日）は丸の内ブリックスクウエアの内覧会を三浦さんと一緒に回りましたが、本格的なファッションストリートになって来ました。

三浦彰・弊紙編集委員（以下、三）　銀座、青山・原宿地区に続く第3のファッションエリアをめぐる主導権争いでは、紀尾井町が脱落気味。六本木、代官山、丸ノ内&有楽町が激しく競っているが、丸ノ内&有楽町が抜け出しそうな感じだね。三菱地所の街づくりが軌道に乗り銀座との連携もあり有望だね。

林　新宿、池袋、渋谷といったところはどうなんですか？

三　ラグジュアリー・ブランドの路面店が集積されるというわけにもいかない場所で百貨店やファッションビルが中心になっている。でも、渋谷は先週もオンワード樫山の「オープニングセレモニー」がオープンしたり、9月19日には「H&M」の渋谷店が開店、東口の再開発も進行中で、ちょっと大変身するかもしれないね。ところで、前号（8月31日号）の「今春夏の人気セレクトショップ&eコマースで売れたブランドは？」（P.14・15）は面白い結果が出ていたね。「今春夏、セール期間を通常より早めたか？」に対してＮＯが61%（ＹＥＳ39%）、「セール期間の延長はショップにとってプラスになるか？」に対してＮＯが44%（ＹＥＳ39%）、「海外ファストファッション日本上陸の影響はあるか？」に対してＮＯが50%（ＹＥＳ17%）、「海外セレクトショップ上陸の影響はありそうか？」に対してＮＯ44%（ＹＥＳ39%）、というのは意外だったな。セールの早期化・長期化はどの店でも当たり前だし、海外ファスト・ファッションの影響はどの店舗でも多かれ少なかれあると思うのだがね。みんな強がっているのかな？

林　今春夏アンケートをとった店はファッション性がかなり高いところということもあるかもしれませんが、みんな本音だと思います。

三　アンケートに答えてくれた店の今春夏売上高の前年比はどれくらい？

林　85〜90%ぐらいではないですか。

三　それにしても、全体的にハイブランドの動きは鈍化してA判定（絶好調）は数えるほどしかないということだが、「バルマン」が相変わらず好調だね。秘かな人気だったが、一般にも波及して来ているね。デザイナーはクリストフ・

デカルナンだよね。取扱先はどこなの？

林　特に日本にはなく、ダイレクト輸入です。

三　もう20年以上前だが、「ピエールバルマン」時代は伊勢丹のPB（プライベート・ブランド）で、そのライセンス品は小売価格で300億円程度あった。その後ジル・デュフールの時にも独特の書体のTシャツが大ブレイクしたが、使ったメッセージに問題があって、ナリを潜めていたが、80年代ファッションの流行を先取りしてまたまたブレイク。転んでもタダでは死なないブランドだな。大きな単位になるかもしれないね。

林　今や「バルマン」は、ギャル誌でも憧れのブランドとしてコレクションのルックが紹介されるまでになりましたしね。その他では「ジバンシィ バイリカルド ティッシ」も人気です。

三　独自のトライバル路線がウケているんだろうな。いずれにしてもなかなかエッジィで「濃い」ブランドが人気だね。こういうブランドが好きな人たちというのは景気に左右されないファッショニスタだろうね。

林　そんなに濃くはないですが、「アレキサンダー ワン」も相変わらず人気ですね。ディフュージョンの「T by アレキサンダー ワン」なんか1万〜2万円で買えますから。他にNYブランドでは「ブルース」のディフュージョンライン「ブルース」も人気。トップスやショートパンツで小売価格は3万円台から揃っています。でも低価格のディフュージョンはちょっと乱立気味ですね。そのほかではやはり日本のブランドが根強い人気です。横綱クラスの「サカイ」に加えて「カオン」「ラウラ」「ビューティフル ピープル」「ミュベール」といったところが着々と売り上げを伸ばしていますね。特に「ミュベール」は大きくなりそうな感じがします。

三　「ビューティフル ピープル」は参加していた時期もあるが、ほとんどが東コレでファッション・ショーをやっていないブランドだな。

林　東コレ組では「ヨシオクボ」のレディスブランド「ミュラー オブ ヨシオクボ」が人気上昇中ですよ。

三　「ヨシオクボ」のメンズは大阪くさいなんて思っていたがレディスはなかなか繊細だね。見直さなきゃね。

NOTE

ハンドバッグがメインアイテムのラグジュアリー・ブランドだけでなく、洋服中心のいわゆるハイプレタブランドも厳しい状況が続いている。都会の主要セレクトショップの売り上げ調査結果が話題になっているが、A判定（絶好調）は「バルマン」「ジバンシィ」などわずか。代わってニューヨークの新進ブランド（特にディフュージョン）や日本のブランドにスポットライトが当たっている。しかもいわゆる東コレ組ではない、ショーをやっていないブランドに注目だ。

69

Sep. 14 2009

アパレル業界の巨星墜つ

天野賢治・弊紙デスク（以下、天） 東京スタイルの高野義雄・社長（75）が8月30日に逝去。その後任には中島芳樹・常務取締役管理部門担当（55）が選任。加えて原島春樹・取締役首都圏事業部ミッシー・ミセス部長（58）が常務取締役に昇格しています。

三浦彰・弊紙編集委員（以下、三） 繊研新聞の有井学・記者が9月4日付で追悼記事を書いていたが、最後の取材は8月28日だったとのことだ。8月30日の午後8時頃、会社から帰宅しようとして倒れ、吐血してそのまま慶応病院に運ばれて亡くなったらしい。壮絶な戦死といっていいな。不死身の巨星遂に倒れるという感じだ。

天 死因は食道がんでした。

三 半年以上前から、本人も取締役クラスも知っていたようだね。

天 日本の上場アパレルメーカーのトップとして堂々の現役最年長社長ですから、自分ががんだと知っていれば着々と、その後の準備をしていたと思います。でも、2月決算後の役員人事では、鈴木亮・専務（64）の退任（常任監査役）や、原島常務取締役の取締役への降格や取締役の執行役員への降格など業績不振に対するケジメをつけている感じで、自身の社長退任後の布石を打っているようには思えませんでしたが。

三 がんを患っていても、まだまだ続投するつもりだったようだな。今年は東京スタイルの社長就任後ちょうど30年で区切りの年だったし、昨年も創業60周年で花道を飾るかと見る向きもあったが、あまりの難局に後進に譲る時期ではないと考えていたのかな。

天 後任社長は予想通りですか？

三 役職上位者がすんなりということだが、原島取締役が昇格して、管理部門は中島新社長、営業全般は原島常務という2トップ体制ということではないのかな。高野社長の娘婿で今年5月に取締役になったばかりの高野茂・ＭＤ企画室部長（48）は期待の人物だが、さすがに今回は選ばれなかった。まだ荷が重過ぎるということだろう。

天 しかし、高野社長は長期ワンマン体制でしたね。バトンタッチを考えたことはなかったのでしょうか？

三 7年前に村上ファンドの同社乗っ取り事件がなければ、5月に常任監査役に就任した鈴木前専務の昇格を考えていたらしい。委任状の争奪戦になって、高野社長が陣頭指揮で防衛にあたらざるを得ない状況だったからね。その時は僅差で辛勝したのだが、その後も安心できる状態ではなかったからね。しかしあの争奪戦は凄まじかった。

天　ここ10年は、セレクトショップのナノユニバース、スチューシーを扱うジャックやトルネードマートなどを扱うスピックインターナショナルなどの買収を成功させて来ていました。不動産もかなり買っています。注目はフロムファースト通り（御幸通り）のラ・ミアビルがどうなるかですね。

三　主力の婦人服事業は百貨店がメインだから厳しい状況が続いていたからね。郊外型ＳＣを始めとした新流通チャネルや中国市場にシフトチェンジしていかなければならないなど課題は残されているね。

天　高野社長の思い出で印象的なことはありますか？

三　目配りが行き届いて気配りの人だった。「電話するときは用件をメモしてから受話器をとれ」とか短くなった鉛筆を捨てたりすると我々記者の前でも社員を叱っていたな。それと、デザイン画が本当にうまかったな。入社してから夜学でデザインを独学していたからなんだろうが、あれじゃデザイナーはやりにくくてしょうがなかっただろうな。とにかく叩き上げの人だった。なんでも人並以上にできたから、人に任せっきりにすることができなかったのは玉にキズかな。

天　オンワード樫山専務、レナウン副社長を経てフランドル副社長になった加藤嘉久さんも4月に亡くなり、いわゆる百貨店アパレル全盛時代のキーマンたちが鬼籍に入ったのが、百貨店大不況の今年だというのもなにか因縁めいていますね？

三　全く寂しい限りだね。高野社長には百貨店の売り上げやブランドの優劣の見方など色々教えてもらった。細かい人なのに、わかっていても記事の間違いなんかは全く言わない人なのは意外だった。「同じ仲間なんだから、盛り上げる記事を書くんだよ」とはよく言われたな。

天　東京スタイルの中興の祖が逝って、ちょっと不安という見方もありますが？

三　ここは踏んばり時じゃないのかな。大社長が逝った代わりに、自由な発想や大胆な戦略というのが若手から出て来て、新生東京スタイルというのが打ち出されるのを期待したい。

NOTE

東京スタイルの高野義雄・社長の逝去もやはり一時代の終わりを告げる出来事。80年代は増収増益を10期以上続け、最近の「ファーストリテイリング」（ユニクロ）の柳井正・会長兼社長に匹敵するような取り上げ方をされていた。新宿の営業センターを高層ビルに立て替える計画がほぼ本決まりだったが、バブル崩壊で急遽取り止めて、会社は命拾いするなど本当に強運の星に生まれた人だった。もちろん強運を生かす意志の力も人一倍だった。

70

Sep. 28 2009

ユニクロ栄えて国滅ぶは本当か？

三浦彰・弊紙編集委員（以下、三）　「文藝春秋」10月号に載った同志社大学大学院教授でエコノミストの浜矩子（はまのりこ）氏の論文、誰でもわかる経済教室「ユニクロ栄えて国滅ぶ」が話題になってるね。ユニクロの990円ジーンズ、イオンの880円ジーンズに代表される価格競争商品は、さらなるコストカット（リストラや賃下げを含む）を招き、総体的には購買低下を招くデフレスパイラルの悪循環に入るから良くない、その背景にはグローバリズムの本質「自分だけ良ければ病」があるというもの。読んでみてどうだった？

松下久美・弊紙デスク（以下、松）　学生のレポートレベルですね。羊頭狗肉で「ユニクロ」に触れているのはごくわずか。「ユニクロ」にとっては一種の有名税ですね。本当にイイものを安く売ろうという企業努力や信念を踏みにじるようで嫌な気持ちになりましたね。売れているのは消費者の支持があるからですから。ちなみに「ユニクロ」のジーンズは3990円で、990円ジーンズは子会社が手掛ける「g．u．」のものです。

三　浜さんの論文は心情的にはわかるが、詳しくは池田信夫・上武大学大学院教授が自身のブログで「商店街のおじさん」レベルと評したように、ウォルマートが40兆円の年商を誇り、インディテックス（「ZARA」など）やH&Mが1兆5000億～2兆円レベルのビジネスをしているのを見れば、こうした一種のデフレブランドやファストファッションが是認された上で世界経済が回っているという厳然たる事実を無視してヒステリックに叫んでいるだけだな。問題は、ではそうした価格競争品と共存できるような商品開発なり産業構造をどう構築するかにかかっているわけでそこを考えていないようでは、今の時代に経済学をやっている意味はない。TVコメンテーターにでもなって、井戸端会議レベルのことをノーテンキに話していればいいオバサンだと思うがね。こういう方が大学院教授とは日本の将来が案じられるね。

松　「ユニクロ」を手掛けるファーストリテイリングは、パート・アルバイト社員の正社員化を積極的に進めたり、障害者雇用率が日本でダントツトップの約8％に達するなど雇用でも範となるような施策を行なっています。決して「自分だけ良ければ病」ではありません。それにしても、一昨日（9月16日）は「ユニクロシューズ」新プロジェクトの発表会、昨日は昼は埼玉県新三郷（みさと）のH&M店オープン、夜はH&Mの渋谷旗艦店の内覧パーティと、ファストファッションがらみのニュースが目白押しですね。

三　H&Mの新三郷店と渋谷旗艦店はどんな感じだったの？

松　新三郷店は2層のメゾネットで、9月5日オープンの横浜ランドマークプラザ店に続いてキッズが登場。H&M、ZARA、ユニクロが初めて同一のSCに入ったことが話題です。イケアとコストコも隣接しています。34ヵ国で1800店舗を展開するH&Mの中でも渋谷旗艦店は最大級の2800㎡で、3階には初のランジェリー・コーナーがお目見え。銀座、原宿よりわかりやすい印象の売り場です。ニュースと言えば、弊紙9月7日号中の奥恵美子さんの連載「奥恵美子の雑誌ナナメ読み」で取り上げられていましたが、「ヴァニティフェア」誌でウズベキスタンのイスラム・カリモフ大統領長女のグリナラ・カリモフさんが、倒産した「クリスチャンラクロワ」を買収するのではないかという噂話が出ていましたけど、三浦さんはグリナラさんに昨年「第1回ウズベキスタン ファッション フェア」に取材で行った時にインタビューしているんでしたよね？

三　同国文化・芸術フォーラム総裁でもあり、圧倒的な実権をもっているナンバーワンデザイナーで実業家でもある。バツイチだけど37歳の美人だ。「ショパール」とコラボしたジュエリーを発表したり、国際的にセレブデザイナーとしてネームバリューはあるよ。実現したらちょっとした話題になるのじゃないか。駐日ウズベキスタン大使館のバヒリディノフ・マンスール文化・芸術フォーラム基金駐日代表に調べてもらったけど、現在交渉中で実現の可能性は50%だとのことだった。せいぜい30億~50億円程度の買収価格だと思うから、ない話じゃないよね。ラクロワが描くシルクロード・ファッションなんかウケそうに思うよ。

松　そんなに豊かな国なんですか？

三　新興国家だけど、世界最大級の綿花産地であることに加えて、レアメタルの埋蔵量もかなりのものらしいから、あるところにはあるんだろうな。

松　そんなこんなでまたウズベキスタンに飛んで行かないでくださいよ。

NOTE

浜矩子・同志社大学大学院教授はユニクロ・バッシングで一躍有名になっている。グローバル経済が当たり前になった昨今では、その古めかしい庶民感情に根付いた井戸端会議的意見はむしろ新鮮に映るのだろう。まさか「ユニクロ」の不買運動を先導するわけには行かないだろうから、せめて中国からの繊維輸入に高い関税をかけろとか述べてもらいたいものだがそれも非現実的だ。こんなヒステリー状態を招くほど「ユニクロ」の独り勝ちが目立つのだ。

71

Oct. 5 2009

ファッションズ・ナイト・アウト

三浦彰・弊紙編集委員（以下、三）　弊紙及び姉妹紙の「WWDビューティ」も協賛したが、9月10日、9月11日に世界13都市で開催された「ファッションズ・ナイト・アウト」が話題になったね。前号（9月28日号P.11）でも紹介されていたね。

林芳樹・弊紙記者（以下、林）　表参道・青山エリアで夜の8時から11時までで来街者が5万5000人、主催のコンデナスト・パブリケーションズ・ジャパン（CPJ）の調べだと参加217店の推定売上高は1億円を超えたとされています。大成功と言っていいのではないでしょうか。

三　賑わっていたね。当日CPJの斎藤和弘・社長とも表参道ヒルズの前で会ったが、いつも冷静で斜に構えている彼が「トラフィック（来街者）は問題なし。あとはお店の売り上げだけだな」と珍しく興奮していたな。そうかと思えば「でも、人というのは集いたがるものなんだなあ」と変に感慨深げだったりしてね。217店で1億円というのは微妙だな。1店あたり約50万円ということだよね。でも、前年比がないんだから。トップは「プラダ」の800万円だったとメモ欄（同号P.11）に書いてあったが、これはウハウハだったんじゃないかな。

林　表参道ヒルズを運営する森ビル開発は凄い人出に本当に泣き出さんばかりの喜びようで、「オープン以来の来館者数。毎月やって欲しいイベント」と関係者は言っていましたね。海外のイベントの様子を弊紙（同号P.11）で見ましたが、大物デザイナーやセレブ、VIPが登場していて華やかでしたね。とにかく盛り上げなきゃいけないという気持ちが伝わって来ました。それに比べると東京は、華やかさでは今ひとつという感じでしたね。

三　まあ、「ヴォーグ（アメリカ）」のアナ・ウィンター＝編集長の鶴の一声で決まったイベントで、協賛社からは一切金をとってはいけないというルールだったから、彼女の威光がある欧米ではいわゆる大物を呼び込めたんだろうが、東京はそういうわけにはいかなかったんだろうな。最初は半信半疑ということもあったかもしれないね。高収益出版社のCPJもさすがに今期は厳しい情勢らしいし。

林　海外ではカール・ラガーフェルド（71）とジョルジオ・アルマーニ（75）の存在がやはり一際大きかったですね。

三　アルマーニは肝炎だかなんだかで、重体説まで飛び交っていたから、強烈に健康をアピールできたのじゃないだろうか。「WWD　NY」では、9月24日号で表紙を飾る（ミラノコレ事前取材）など、ファッション界の帝王はまだまだやるぞっていう感じだね。

林　でもこうした街をあげてのプロモーションというのが見直されるキカッケになるのではないでしょうか。驚いたのは、今回無料で振る舞われたシャンパンが1万杯近くあったということですね。

三　私は残念ながら1杯も飲んでいないけどね（笑）。でも、ニューヨークの百貨店では、午後3時頃だったかな、タイムサービスでシャンパンやコーヒーを入店客に振る舞うサービスをしている店が少なくない。日本の百貨店でもこれを見習うような店はないのかな。「百貨店はアメニティを目指せ」という掛け声だけではなくて、そうしたサービスなんかも考えた方がいいのじゃないだろうかな。低価格のプライベート・ブランド（PB）開発ももちろん大切だけれどもね。

林　話は変わりますが、民主党政権誕生で鳩山幸（みゆき）・首相夫人のファッションに注目が集まっていますね。先月の訪米では「ヒロココシノ」を数多く着用していましたね。

三　小柄だけど元宝塚ガールだけあってなかなかファッション・センスがあるね。やはりファースト・レディにはその国を代表するデザイナーズ・ブランドを選んで欲しいよね。「ヒロココシノ」はパリコレにも今年3月再登場するなど70歳を過ぎても意気軒昂。着たらヒロコ先生の元気がもらえそうでなかなか良いチョイスじゃないのか。

林　コレクションと言えば、9月9日、ニューヨーク・コレクションが開幕、いよいよ2010年春夏のレディス・コレクションサーキットがスタートです。ミラノコレを経て、30日からはパリコレが始まっています。これに隠れて目立ちませんが、ポツリポツリと東京でもメンズを中心にコレクション・ショーが開かれていますね。

三　メンズウエアについてはほとんど主だったところは終わっちゃったんじゃないかな。本当にポツポツと五月雨式だから見逃してしまうケースもあるぐらい。やっぱりちゃんとまとまってやれないものなのかな。

NOTE

消費不況の中で低迷するファッション業界を盛り上げようと「ヴォーグ USA」のアナ・ウィンター編集長の鶴の一声で東京でも行なわれた世界的な催しだが、欧米では9月10日の夜に実施され、厄日になっている9月11日（2001年の同時多発テロ）が日本に割り当てられた日。それはともかく、ブランドごとではなく、街をあげてのプロモーションというのは効果が出るという例証ではないか。これが業界をあげてというと焦点がボケてしまうのだろうが。

72

Oct. 12 2009

「ユニクロ」のプラスジェイ

三浦彰・弊紙編集委員（以下、三）「ユニクロ」の9月の国内既存店売上が前年比１３１・６％トータルじゃなくて間違いなく既存店売上高だよね？

林芳樹・弊紙記者（以下、林） 間違いないですよ。ダイレクト販売を含む総売上高は同１４１・５％です。

三 もう「ユニクロ」のことは本欄では書かないようにしようと心掛けているんだが（笑）、これだけ独り勝ち状態ではな。10月はジル・サンダー女史による+J（プラスジェイ）効果でこれを上回るなんてことになるのかな。

林 10月1日のパリ店オープンには松下久美・弊紙デスクが取材に行きましたが、10月2日には銀座店の増床リニューアルオープンを私が取材。なんか全世界で同時多発オープンみたいで完全にウケ（有卦）に入っているという感じですね。銀座店は見られましたよね？

三 プラスジェイを見に行ったが、たしかにサンダー女史がデザインしていた頃の「ジル・サンダー」を彷彿させてはいた。ボディに着せていた白シャツと黒のミニマルなジャケットなんか、ハッとした。でも一般の消費者って、そんな昔のことわかるのかな。昔と言ってもせいぜい10年前のことだけどね。

林 小売価格はウール・フラノのジャケットが１万２９９０円。型崩れしないで何回着られるかわかりませんが。シャツは３９９０円で「ユニクロ」の最高値と同価格。もう少し上の値付けでもよかったと思いますが。

三 同感だな。あの１・５倍でも十分通ったと思う。構築的なシルエットを出すためにハリ・コシのある素材を使ったんだろうけど、それを柔らかな素材でメイクするというのがサンダー女史の真骨頂なんだが、そこまでは難しいだろう。それにシャツはどうかな。サンダー女史時代の「ジル・サンダー」は海島綿とか恐ろしく高級素材を使っていて、シャツで着るコーディネイトみたいなところがあったからな。そりゃ３９９０円では無理だよね。ボタンダウンタイプが多かったが、サンダー女史がボタンダウンをＯＫしたのが不思議。まず昔は作らなかった。

林 彼女は、パリでも東京でもなく、この期間ニューヨークにいたらしいですね。ニューヨークでの評判が最も気になっていたらしいですね。ファーストリテイリングの柳井正・会長兼社長はパリ、勝田幸宏・執行役員（R&D担当）は東京という配役ですね。

三　銀座店で立ち話していたら勝田さんが、ジルとの交渉の裏話をしてくれたが、最初は「Ｈ＆Ｍ」のデザイナー・コラボみたいな取り組みでも仕方ないかとハンブルクに交渉に行ったらしいんだが、逆に「話題作りに協力して１回限りのコラボをするようなデザイナーだと私を思わないで」みたいなリアクションがあったらしく、話が今回のような「ユニクロ」の商品全般に関するアドバイザーというポジションになったらしいな。関係は良好みたいだね。１年ももたないなんてヤッカミで言う業界人もいたけど。

林　「ユニクロ」のスタッフはサンダー女史の要求が高くてヒイヒイ言っていたらしいですね。「服作りというのはこんなことまで考えるのか」と勝田さんも勉強になったと言っていましたね。松下デスクのレポートを見るとパリ店の小売価格は、円換算で日本のほぼ１・３〜１・４倍という水準ですね。

三　この価格差が最大の問題。「ユニクロ」と同タイプの「ギャップ」がヨーロッパ市場から撤退したというのもそのあたりの問題なんだろう。そう言えば、「MUJI（無印良品）」ファンのジョルジオ・アルマーニ御大が日本に来た時も、「MUJI」ショップに通っていたなんていう話もある。ヨーロッパの半分近くの価格で買えるんだからね。「ユニクロ」も価格差を乗り越えてブランドとして認知されるかどうかがポイント。そのためにプラスジェイとかサンダー女史とのアドバイザー契約というのがどれぐらいプラスになるか。

林　パリ店の開店前行列は８００人、銀座店は４００人といったところです。日本初上陸の「Ｈ＆Ｍ」や「フォーエバー21」のように３０００人レベルの行列とはいかなかったですね。同じ都内でもららぽーと豊洲店なんかは空いていて楽に買えたそうですよ。日本でのプラスジェイは大型店70店を中心に販売されますが、この秋冬ものでどれぐらいの売上高になるでしょうね。ヒートテックでは品切れ続出で客から不満も出たのでかなり奥行きを出したと勝田さんは言っていましたが。

三　レディス１００型、メンズ40型で、１店１億円は下らないだろうから、それだけで70億円。打つ手打つ手がイヤになるぐらい当たっちゃって恐くなるな。

NOTE

ユニクロ・フィーバーに沸いた2009年の幕を閉じるにふさわしい「プラスジェイ」の登場である。ジル・サンダー女史（ジル・サンダーと書くとブランドと混同するとオーナーのオンワードホールディングスから厳重注意があり女史とくっつけるようになった）との取り組みは単なるスポット的なコラボではなくて、長期的なアドバイザー契約である。また「ユニクロ」のファッション化戦略というよりも服作りの基本を徹底的に見つめ直すことが主眼であるという。

73

Oct. 19 2009

ヨウジヤマモト社破綻

村上要・弊紙メンズファッションディレクター（以下、村）　やはり今週のお題はヨウジヤマモト社の破綻ですね。

三浦彰・弊紙編集委員（以下、三）　その日はついにやって来たということだな。自主再建の道を模索していたのだろうが、この市場環境ではどうにもならないということなんだろうね。心臓の手術中に落雷で停電したみたいなもんだね。今回の破綻で損害を被って立ち直れなくなってしまう企業もあるだろう。

村　記者会見でも、耀司さんは「メイド・イン・ジャパンにこだわってきた。機屋でも縫製工場でも零細な企業との付き合いが多いから、連鎖倒産があるとしたら申し訳ない」と言ってましたね。負債は60億円ですが、債権者はどれぐらい返してもらえるんですか？

三　10％程度だろう。インテグラルも、再生法受理でその程度の配当で済むならやってみようと考えたんだろう。

村　三井物産の名前がずーっと上がっていましたが、商社やアパレルメーカーというのは動かなかったんでしょうか？

三　ファーストリテイリング（「ユニクロ」）が最右翼だと思ったが、幹部クラスが「絶対にありません」と断言していた。一方で商社などは、ヨウジヤマモト社の救済を真剣に考えたようだね。ただ、商社やアパレルも自社のことで精一杯で動けなかったようだ。

村　他のデザイナーズ企業も苦しんでいると思いますが、創業デザイナーが陣頭に立っている日本の2大企業と言えば、コムデギャルソン社とヨウジ社ですね。ギャルソン社は「H&M」「ルイ・ヴィトン」とのコラボや、非常事態ブランド「ブラック」を登場させるなど、話題も多いし、なんとか踏みとどまっている印象です。何が両社の明暗を分けているのですか？

三　ヨウジだって、アディダスとの「Y-3」、少し前はダーバン（レナウン）との「AAR」や「無印良品」もやっていた。単発のコラボなら最近は「エルメス」「フェラガモ」と枚挙にいとまがない。しかし、ギャルソンの場合はコラボしても、それは企業戦略としての一環。創業デザイナー兼社長の川久保玲の発案で動いているとしても、ブランドとしての動きになっている。ギャルソンはすでにデザイナーズ企業ではなくなって、ブランド企業になっているということだろう。不謹慎だしあり得ない仮定だが、川久保さんが引退しても、企業は残るし、その精神は受け継がれていくことになるだろう。それがブランド企業だ。ところが耀司さんの場合、いつも見え隠れするのは、彼のカリスマ然とした姿だった。彼が引退したら、果たしてブランドが存続するのかどうかは微妙。それが課題でもある。

村　社名、ブランド名からして「コムデギャルソン」と「ヨウジヤマモト」ですからね。デザイナーズ企業というのは、創業デザイナーが亡くなったり引退しても、ブランドとして存続しなければならないわけですよね。でも生き残っているのは「シャネル」「ディオール」「バルマン」「ジバンシィ」「ケンゾー」など、例は少ないですよね。

三　今回の耀司さんの「僕は裸の王様であり続けてきた。（中略）僕はぶっ倒れるまでデザイン活動を続ける」というのは、一種の居直り発言でね。ある意味痛快ではあるね。一概には言えないけれど、ブランドや精神を次代に伝えるという責務があるように思う反面、デザイナーなんていうのは所詮そういうもので、耀司さんみたいな天才は一世一代ということもあるから。

村　それにしても、アラブ首長国連邦アジュマーン首長一族が「クリスチャン・ラクロワ」の買収を申し出たり（10月19日号P.22）、ジャンニ・ヴェルサーチ社が日本での全店舗撤退に続いてショールームを閉鎖して、来年以降に再開する予定はあるものの現時点では日本での活動を停止（10月12日号P.23メモ欄）したり、80年代のファッション界のスーパースターの凋落が表面化していますね。

三　同感だね。君はまだ小学生だったから知る由もないだろうが、全くもって80年代の山本耀司、ラクロワ、ヴェルサーチというのは創造の神が舞い降りたみたいにすごかった。でも90年に日本のバブル経済が弾けて、今頃そのツケが回って来ているような気がしないでもない。もちろんその3人だけじゃないわけで、昔話になるようでイヤだけど、それぐらい80年代というのはファッションの黄金時代だったんだな。

村　ずばりヨウジ社再生の今後は？

三　投資会社やファンドがファッション企業の再生を手掛けて成功した例はきわめて少ない。ましてデザイナーズ企業ともなれば難易度はさらに高い。イバラの道になるだろうがなんとか再生してもらいたい。

NOTE

2009年の日本のファッション業界では十大ニュースに挙げられる事件だ。山本耀司ほどの天才にして洋服を作って売って60億円も借金を作るというのであるから、他の「優秀」程度のデザイナーでどうなるのか。デザイナー志望の若者たちがこの業界に見切りをつけるのではないかということが何よりも心配である。耀司にはヨーロッパのビッグメゾンのチーフデザイナーをやって欲しかった。もうそれも夢だろう。

74

Oct. 26 2009

パリコレから東コレへ

三浦彰・弊紙編集委員（以下、三）　パリコレ出張お疲れだったね。

菅礼子・弊紙記者（以下、菅）　滅多に今回のコレクションは不作って書かない麥田（俊一・弊紙ファッションディレクター）さんが、ミラノコレは全く面白くなかったと書いていたのに比べると、やはりパリコレはそれなりに見所がありましたよ。ランジェリー、トライバル＆エスニック、プリミティブ、ミリタリー、アスレチックなどなど。これに、ガールズルック、ストリートが加わって盛り沢山でしたね。個人的には「ルイ・ヴィトン」と「アレキサンダーマックイーン」がベストです。

三　80年代調も先シーズンほどは突出しなくて、細かいトレンドが百貨店状態みたいな感じだね。各々が得意技を繰り出す乱戦状態ってとこかな。マーク・ジェイコブスが今のコレクション・サーキットを牽引しているのに異論はないけれど「ルイ・ヴィトン」は、ビッグウィッグも含めまるで「コムデギャルソン」に見えたけどな。

菅　マークは東京に住んでいたこともあるし「ギャルソン」に私淑してますからね。昨年はコラボもやりました。

三　マックイーンは我が道を行くか。プリントの柄は昆虫の孵化みたいだね。ホラー＆オカルト路線とも言えるな。

菅　改めて言うのも何ですが、ファッションショーって演出が重要ですね。

三　何を今さら言ってるの。パリから帰って来て、すぐに月曜からＪＦＷ（東京発日本ファッション・ウィーク）が開催されたが、どんな感じに見ている？

菅　やっぱりちょっと落差がありますね。この不景気でパリコレでもやはり「売り」を意識した一種のリアル・クローズが増えていますけど、東京はあんまり変わってないような気がします。

三　そんなことはないと思うよ。これだけ前のシーズン（3月）と環境が激変したことはないんじゃないのかな。全然勢いが止まらないファストファッション、アメリカの大統領交代と世界不況の本格化、9月の日本での政権交代、ヨウジヤマモト社民事再生法申請など、コレクションショーを発表するデザイナーとして何か考えない方がおかしいと思うがな。そういうコレクションショーを期待したいけれどもね。ヨーロッパのコレクションブランドは基本的に富裕層やそれに準ずるファッショニスタを顧客にしている。

もちろんハンドバッグとか靴で大衆化を図ったのがこの20年。大成功したが、知っての通りラグジュアリー・バブルは弾けちゃった。これに対して、日本のコレクションブランドのほとんどはファッション好きのヤング及び決して富裕層とは言えないファッショニスタ（オタク）をターゲットにしているわけだから、落差を感じるのは当然。東コレではその他にヨーロッパのラグジュアリー・ブランドに対抗したブランドやコンセプチュアルなブランドも登場しているが、そうしたタイプはビジネス的にはどうだろうな。

菅　従来「エルジャポン」がファッションマガジンとしてJFWに協賛していましたが、「ヴォーグ ニッポン」に変わったんですね。「エルジャポン」はかなり盛大にやっていましたが、交代の裏には何があったんでしょうか。初日にやはりスポンサーとして名乗りを上げたエイベックスとのコラボショーがありましたね。

三　エイベックスの松浦勝人・社長や所属の後藤真希、ヴォーグ ニッポンの渡辺三津子・編集長や12月1日から「GQジャパン」編集長を退任して「ヴォーグ ニッポン」のスペシャルプロジェクト担当になる軍地彩弓さんなんかが最前列に座っていたな。メンズのショーにはエイベックス所属の中村獅童、レディスのショーには売り出し中のアンジェラ・ベイビーがモデルとして出演して、次の朝にTVのワイドショーで紹介されていた。JFWが久し振りにTV登場したことになるな。狙い通りということかな。エイベックスと組んで東コレの存在感をアップしようということなんだろう。

菅　現在国からJFWに出ている交付金は一般会計に計上され年間6億円ですが、ダムの建設中止など民主党は大胆に予算カットしていて来年4月以降のことが心配です。

三　オープニングのパーティで関係者に情勢を尋ねたが、どうも1億円の削減で来年度は年間5億円になるということらしい。間宮淑夫・経済産業省製造産業局繊維課長兼ファッション政策室長などがかなり真剣に折衝した結果らしいと聞いている。今年度はこの他に一般企業から6億円を集めて計12億円でJFWは運営されているが、エイベックスもスポンサーに名乗りを上げたし、厳しい環境だが現状維持で来年度以降もやっていけそうだ。問題は内容だけれどもね。

NOTE

ここでは現在6億円から5億円ぐらいになると予想しているが、「仕分け」の対象になりJFW予算は年間3億5,000万円程度に減額されそうである。ファストファッションはこういう窮地にこそ財布のヒモを緩めて大盤振る舞いしてはどうかと思う。きっと「悪玉論」なんか完全封印するだろう。そうした出費に対する税制の整備も必要だろうが。とにかくファストファッションだろうが、ハイプレタだろうが、デザイナーなしではできないのであるから。

75

Nov. 2 2009

セーブ・ファッション

菅礼子・弊紙記者（以下、菅）　ＪＦＷ（東京発日本ファッション・ウィーク）も終了しましたが、どんなふうに見えていますか？

三浦彰・弊紙編集委員（以下、三）　ああ、見てよかったというコレクションショーがほとんどなかった。総合点で及第というのは、「ミキオサカベ」「アトウ」というところかな。「ミントデザインズ」と「マトフ」が同レベルで続いて、番外というか今回も大いに楽しませてくれたのが「リトゥンアフターワーズ」。神々のファッションを描いた「リトゥン」の山縣良和君は誇大妄想狂か、そうでなければ相当な大物じゃないかな。天使のファッションはヨーロッパでもないわけじゃないけど、私の記憶で神々のファッションというのはないねえ。ギリシャ神話やワーグナーの楽劇じゃないんだから。ヨーロッパではタブーだろうな。前回はペーパーファッションで、今回は神。紙から神で洒落てるつもりなのかね（笑）。とにかく人を食っている。本人は学校で講師をしたり至極大マジメなんだけどね。こんな時代にファッションなんかまともにやってられるかよという気持ちは出てるね。

菅　10月22日には、「セーブ・ファッション」というデモが原宿であって、話題になってましたね。ビームスとアデライデのセレクトショップ2社が主催していたようですが。

三　「セーブ・ファッション」か。たとえばユナイテッドアローズなんかは「コーエン」でファストファッション的なことをやっているのに対してビームスやアデライデはそういう動きはしてないからな。コレクションサーキットを全般的に見てもファッションの危機というのは感じない方がおかしい。ファストファッションにすぐにコピーされそうなネタを提供しているだけじゃないかなんて思わせるコレクションも多い。こんなに作り込んで、凝った素材だからコピーなんか出来ないだろうと思っても、それをペロッと食っちゃうから始末が悪い。もっとも、コピーすらされないような作品というのも寂しい限りだがね。ところで、菅君の東コレ評は？

菅　展示会で発表されたブランドの方が面白かったです。「ニアー ニッポン」はヨーロッパのブランドのように自然からインスパイアされていましたが、オリジナリティが感じられました。その他では「ハミル」や今回デビューの「タロウ ホリウチ」もハイレベルでした。ショー参加ブランドでは「ミハラヤスヒロ」「ナカアキラ」などは80年代調にこだわりすぎていた気も……。

三　モロにこれは○○のコピーだというのは論外。具体的に指摘できなくても、まるでオリジナリティがなくて海外のコレクションのテイストをミックスして整形美人みたいなコレクションをデッチ上げてもそれは意味がない。

菅　そういうことではファストファッションには逆立ちしても勝てないですよね。そういうシステムが完全に出来上がってますから。たしかにどこか海外で見たようなコレクションショーを東京ではよく見かけます。

三　強烈なオリジナリティがあれば、それをコマーシャルピースに落とし込んでもファンは買ってくれるわけで、それがファッションの本来の在り方ではないのかな。もちろんコレクションピースをそのまま買ってもらうことに越したことはないけれども、こういう時代ではそうもいかないわけで。パリ在住のジャーナリストと東コレ会場で隣り合わせて話をしていたら、パリではいまだに「ユニクロ」には行列が出来ているらしい。パリではまだベーシックタイプのファストファッションがモノ珍しいらしい。日本はちょっと価格競争というかデフレが行き過ぎてしまっていると言っていた。何事にも日本人というのは行き過ぎるから。

菅　そのためにファッションの面白さまで否定されることになると大変ですね。「セーブ・ファッション」という決起デモが起こるのはわかります。

三　世界のコレクションを見回しても、現在本当に新鮮なオリジナリティに出会うということはあまりないんじゃないかな。ブランドの本来持ってるアーカイブをベースにしたタイプとか、すでにエスタブリッシュされたデザイナーが得意技をいろいろなバリエーションで出しているという感じ。

菅　東京には独自のストリート感覚やアスレチックテイスト、テクノ感覚という特色があると思うのですが。

三　9月にあった「ホワイトマウンテニアリング」のコレクションショーなんか面白かったよ。これも9月開催だけど「N ハリウッド」もワーキングウエアのコレクションでその方向。もう少し変化が欲しかったけどね。

NOTE

「ファッションの危機」、今に始まったわけではないだろう。「ファッション、君はもう死んでいる」とこの世界の外側から見ている人間ならばとっくにそう言っている人間がいても不思議はない。内側にいるから、ああでもない、こうでもないと講釈をたれているだけなのかもしれないと悲観的になることもある。「セーブ・ファッション」大いに結構。こういう「ゆさぶり」を続けて欲しい。が、では一体ファッションとは何か？　憂鬱は続く。

76

Oct. 9 2009

「ランバン」はカワイイか？

有門奈々・弊紙記者（以下、有）　前号の11月2日号（P.3）で今年の1月からトップが交代しているラグジュアリー・ブランドが表になっていましたが、こんなに交代しているんですね。

三浦彰・弊紙編集委員（以下、三）　表にはないが「ヴェルサーチ」みたいに、日本でのビジネスは手仕舞いして、来年以降に路面店のオープンを始めとして再出発するなんていうブランドもある。「ヴェルサーチ」は日本のバブル経済崩壊の１９９０年前後には小売価格換算で年商１００億円あったから、20年でゼロになった。

有　怖いですね、ファッションビジネスって。消えた原因は何ですか？

三　なんといっても１９９７年に創業デザイナーのジャンニ・ヴェルサーチが悲業の死を遂げたのが大きいな。ビジネス的には「イスタンテ」「ヴェルサス」「Ｖ２」「ジーンズ・クチュール」などのディフュージョンブランドがきっちりポジショニングできなかったこと。日本ではもともとメンズウエアにその筋の方も含めて人気があったんだが、マッチョ・スタイルというかその部分がトム・フォードがデザインする「グッチ」に取って代わられたというのも大きいんじゃないかな。

有　でも、そのトム・フォードも「グッチ」を出て、自分のブランドを立ち上げました。8月26日には、伊勢丹新宿店のメンズ館5階に、ブティックがオープンし、本人も来日。さっきの表に戻りますが、グッチディビジョンＣＥＯには、ブルーベル・ジャパンのクリストフ・ドゥ・プゥス前社長が就任しました。

三　ブルーベルが「グッチ」の香水を扱っているからとか、プゥス氏はフランス人だから、ピノー・ファミリーとフランス語で話せるからじゃないかとか色々言われてるけど、どうなんだろうかな。リストラも進んでいるから、それなりに数はいるんだろうけども、ラグジュアリー・ビジネスに通暁していて、実績があって意欲満々という人物は意外に少ない。

有　昨年9月15日のリーマン・ショックから1年が経ち、今年10月あたりからは前年比ベースならソコソコの数字に戻るんじゃないかと言われましたが、ラグジュアリー・ブランドを始めとして、その気配はないですね。イベントもパーティも減っていますが、10月末は、注目のパーティや来日がありました。前出のトム・フォード、「ディースクエアード」のディーンとダン・ケイティンの双子、「ボッテガ・ヴェネタ」のトーマス・マイヤー、大トリは「ランバン」のアルベール・エルバスとルカ・オッセンドライバー来日です。

三 せっかく来日したんだから、盛大なパーティを開いて来日イベントは完結するというのが3年前ぐらいまでは当たり前になっていたが、やっぱり予算不足なのかハショってる感じがするな。「ディースクエアード」なんて、秩父宮ラグビー場の地下でパーティやっただけで、かなり安上がりに見えたな。「ディーンとダンの見分け方知ってるか?」というジョークがパーティ会場でウケてた。「ディーンと大声で叫んで振り返ったのがディーン、ダンと呼んで振り返ったのがダン」(笑)。とにかくよく似てた。

有 (笑)。その中では、二枚看板が揃った「ランバン」が白眉でしたね。10月27日に銀座店のリニューアルオープニングパーティがあって、28日に国技館でランウェイショー。櫓を組んで観客は１２００人という大規模ショーでした。

三 ショーの後にパーティがあると思ったけど、残念ながらなかった。しかし、君も含めて若い女子にも「ランバン」は人気なんだね。ショーの後「ホントにカワイイよね、ランバンって」という声を2度聞いた。「カワイイ」はないと思う。エルバスの「ランバン」から彷彿とするのはサンローランとか布の彫刻家と言われたマダム・グレだよね。

有 そうですか? 私も「カワイイ」と思いますよ。でも、いわゆる「可愛らしい」という感じではなく、「クラシックでエレガントだけど、眺めるだけじゃなく〝実際に袖を通してみたい〟と思わせる」という意味です。女子たちが「ランバン」の美しさを「カワイイ」という言葉で形容するのは、ラグジュアリーな中にリアリティを見いだしているからかもしれません。でも、欲しいと思っても気軽に買える値段じゃない。その手の届かなさに憧れの気持ちが残るというか。とりあえず、結婚式のパーティなんかにはバッチリかも。

三 そんなもんかな。でも、こういうテクニック満載なのに古びてないプレタってあんまり見当たらない。本来サンローランがそうなんだが、今回はイチゴなんか出ちゃって、ありゃどうなの。「カワイイ」狙って失敗した?

NOTE

失語症じゃあるまいし、イイ年をした女が何を見ても「カワイイ、カワイイ」と叫んでいるのを聞くと、腹が立つ。相撲好きのエルバスの発案なのか、大規模なファッション・ショーが開かれた両国の国技館で乱発された「カワイイ」の本当の意味を弊紙記者が語ってくれているが、「欲しい、欲しいけど手が出ない」ということらしい。エルバスは今後のフランス・ファッションを背負ってたつ俊英だが、今後どんな道を歩むのか。

77

Nov. 16 2009

アメリカンブーム!?

松下久美・弊紙デスク（以下、松）　11月7日にJR原宿駅前に「ギャップ」の大型路面店（1924㎡）がオープンしました。現在表参道と明治通りの交差点にある旗艦店の物件が建て替えでなくなるのでその代替です。規模もほぼ同じです。3層で1階婦人服&日本初登場のボディ（下着・部屋着）、2階メンズ、3階ベビー・キッズというラインアップです。

三浦彰・弊紙編集委員（以下、三）　ピエール・アルディとのコラボ靴とかステラ・マッカートニーとのコラボ子供服とか、例によってデザイナー・コラボもある。もうファストファッションでは当たり前になっちゃったな。こういう仕事を依頼されないと一流デザイナーとは認められないみたいな風潮だね。どうもデザイナーというものの在り方や評価が大きく変わってしまっているような感じ。ジル・サンダー女史みたいに一線から退いていたデザイナーも登場して（「ユニクロ」の「+J（プラスジェイ）」）、今後引退デザイナーにもスポットが当たるようなことが出てくるんじゃないのかね（笑）。

松　従来の原宿交差点の店がこれ以上ない好立地で原宿のメルクマールとして愛されていましたから、新店舗はどこまでこれに肉薄できるでしょうか。

三　原宿の駅前は道幅も広がって、見違えるような感じになっているから、ここを起点に明治通りに降りて行くトラフィックがどれだけ増えるかということだね。「ギャップ」の日本での年商ってどれぐらい？

松　680億円ぐらいではないかと推定しています。また同グループの「バナナリパブリック」はすでに100億円を超えた感じです。

三　一時、世界的に低迷していた時期があったが、パトリック・ロビンソンをデザイン・オブ・エグゼクティブ・バイス・プレジデントに起用してからはまた盛り返しているということか。ところで11月14日には「ナイキ」の旗艦店も「ギャップ」のすぐそばにオープンしているね。アメリカン・ビッグブランドが揃い踏みだな。

林芳樹・弊紙記者（以下、林）　ナイキジャパンが「フラッグシップショップ」（旗艦店）を名乗るのは都内では今回が初めてです。売り場面積は924㎡です。店舗デザインは片山正通。ランニングに力を入れており、代々木公園や神宮外苑で週4回ランニング教室を開きます。この周辺にはプーマ、アシックス、アディダス、ミズノの路面直営店があり、今回のナイキでは総合スポーツブランドの路面店が出揃い、スポーツの原宿というコンセプトが出来ました。

三　また店舗デザインは片山さんか。売れまくってるな。森田恭通か片山正通以外にインテリアデザイナーはいないのかね。ところで、宮下公園をナイキパークに変える計画は着々と進んでいるの？

林　スケボー場やクライミングウォールを作るために4億円を投じた改修工事が9月からスタートして、来年春までに完成する予定です。命名権は年間1700万円で10年契約です。

三　なんか反対運動もあるみたいだね。

林　ホームレス支援団体などが宮下公園でデモやフェンス封鎖阻止行動をしています。

三　ホームレスにとっては死活問題だからね。代替地を確保して欲しいね。しかし、この前の「セーブファッション」といい、「デモ」がちょっとしたトレンドになっているみたいだな（笑）。「ナイキ」からちょっと下に降りたところにある「ソフトバンク」原宿店は、従来はレナウンが「J.クルー」を出店していた場所。続けていれば、一種のアメリカンブランドストリートになっていたのに残念。「ギャップ」からミッキー（ミラード・ドレクスラー）が移った後の「J.クルー」は勢いづいているのになあ。どこかまた日本で手掛けるところが出てくるんじゃないか。ヨーロッパブランドに代わって、アメリカンカジュアルやアレキサンダー・ワン、フィリップ・リムに代表されるアメリカンデザイナーが台頭している印象がある。1ドル90円付近の円高で安定しているし。アメリカンブーム、ありだね。そう言えば12月15日にはアメリカンカジュアルの総大将（？）とも言える「アバクロンビー&フィッチ」の日本上陸があるが、あまり情報が流れて来ないけど？

松　上場企業なのにマイケル・ジェフリーズCEOの露出は本当に少ないんです。ちなみに、ユナイテッドアローズの重松理・社長は「売れる」、岩城哲哉・副社長は「売れない」と意見が分かれています。爆発はしないでしょうが、「売れる」に1票、かな。

三　私もアメリカンブームに乗って「売れる」に1票!!

NOTE

「CK」「DKNY」「ポロ」の3大ブランドを核にしたアメリカ・ブームが日本市場を座巻したのは80年代後半だ。DKNYのキャップが街に溢れていた時代だった。その後、アメリカンブランドに大きくスポットライトが当たることはなかったが、円高とNYコレクションのパワーアップで様相が変わっているようにも見える。その予兆が「トリー バーチ」の最近の大人気。「アバクロ」の日本上陸、ナイキパークと話題も目白押しで、流れが変わる!?

78

Nov. 23 2009

ラグジュアリーって何⁉

三浦彰・弊紙編集委員（以下、三） 前々号（11月9日号）の「ファッション・パトロール」の「ラグジュアリー・ブランドもついに付録商戦に本格参入?」は面白かった。というか、ここまで来ちゃったのか、という感じだな。当然、そのブランドの日本法人が本国にアプルーバル（承認）をとった上で進めているプロジェクトなんだろうが、本の売れ行きはどうなの?

林可愛（はやしかえ）・弊紙記者（以下、林） 必ずしも売れるわけではなくて、売れ行きはまちまちみたいです。「グッチ」はクリエイティブ・ディレクターのフリーダ・ジャンニーニからのメッセージを入れるためにエンベロープケースを付録に付けたと説明しています。でも宝島社のブランドムック「イヴ・サンローラン」はトートバッグが付録ですが、書店に行列が出来たらしいですよ。

三 ある大手出版社なんか付録製造のためにアパレルメーカーの買収に動いたと聞いている。付録を付けないと雑誌は売れないというのは決して良い風潮ではないけどね。年中やっていたら読者もマヒするし、ネタも尽きちゃう。じゃあ、その後にはどうするんだ? と問えば「そんなこと考えているヒマはないですよ。とにかく生き残らなきゃ」という感じなんだろうけど。

林 「Ｈ＆Ｍ」「ルイ・ヴィトン」と来て今回は「ヴォーグ ニッポン」、「コム デ ギャルソン」もコラボづいてますね。もうドット柄はギャルソンの専売特許ですね。11月21日、表参道のジャイル2階にギャルソンの「トレーディング ミュージアム」がオープンします。その目玉になるザ・ビートルズとのコラボの一部をＷＷＤ ＮＹで見ましたが、黒地に緑のリンゴをドット状に散らした柄でした。それにしても今回のコラボ、ギャルソンの威光と言うか、よくＯＫが出ましたね?

三 オノ・ヨーコを通じて、あっち（ザ・ビートルズの商標管理会社のアップル・コア）から持ち込まれた話らしいね。オノ・ヨーコは「ギャルソン」の大ファンだから。

林 「ギャルソン」はローリング・ストーンズとのコラボもかつてやってましたよね。ストーンズとザ・ビートルズじゃ、ファンが二分されます。「ギャルソン」はなんにでも適応できるという自信の表れでしょうか。

三 しかし、表参道のジャイルは、このギャルソンの隣は「メゾン マルタン マルジェラ」と「ブルガリ」と「ＭｏＭＡ

デザインストア」。1階は「シャネル」と「ブルガリ」。ちょっと変な構成だよね。かつてはアンチ・ファッションを標榜していたブランド「マルジェラ」や「ギャルソン」がいわゆるラグジュアリー・ブランドと共存しているというのはどうなんだろう。昔は、「ギャルソン」ならファッションとは縁遠いチェルシー（NY）のちょっとわからないような場所にブティックをつくるとか、「マルジェラ」なら恵比寿の工場跡に隠れんぼしているみたいに店を作ったりしていたのに最近は堂々と登場ということだからな。

林「ラグジュアリー」という言葉があまり意味を持たなくなっているのではないですか？

三「ラグジュアリー」を定義した本を読んだことがあるが、まず歴史が100年以上あることとか、創業者の名前を冠しているとか、形式的な条件が上がっていたが、どうも付録にまで付くようになると、人気のあるパワーブランド、メガブランドという捉え方の方が現状は正しそう。「ラグジュアリー」という言葉を90年代に日本で広めたのは弊紙だが、それ以前はスーパーブランドみたいな言い方がされていたな。大衆化が進み過ぎて、人々の憧れである希少性がポイントであるようなラグジュアリー・ブランドというのは、ごく一部だけになってしまった。「ラグジュアリー」の看板は下ろした方がいいのかもしれないいな。

林 そう言えば、「ヴォーグ ニッポン」「GQジャパン」を発行するコンデナスト・パブリケーションズ・ジャパン及びコンデナスト・ジャパンを今年一杯で退社する斎藤和弘・社長のインタビューが今号（11月23日号）のP.11に掲載されていますが、「在職中、いつも考えていたのは、ラグジュアリーとブランディングのこと」という一節が出て来ます。

三「ヴォーグ」ってそういう雑誌だからね。

林 ところで、斎藤さんの今後が気になるんですけれど？

三「この会社を去ることは、パーティで三浦さんに会わなくて済むということ」なんてヘラズ口叩いていたが、編集の仕事が天職だと言っていた。が、とりあえずは「大学で夏目漱石ぐらいは論じられるよ」なんて言ってるから、大学の先生あたりが有力なんじゃないかな。

NOTE

2009年のファッション業界の出来事で、コンデナスト・ジャパンの斎藤和弘・社長の退社は印象的に残っている。この10年ほど、言ってみればラグジュアリー・ブランド・バブルとともに「ヴォーグ ニッポン」をナンバーワン・モード誌に押し上げた人物だが、本人はかなり以前（5年ほど前）から「こういうイベントやパーティにはもう倦きたな」とぼやきまくっていたのを思い出す。その頃がたしかにピーク。なかなかの感性だった。

79

Nov. 30 2009

周年パーティ

三浦彰・弊紙編集委員（以下、三）　最近、いわゆる周年パーティが多いね。海外ブランドでは「ギャップ」の創業40周年、「ブルガリ」も創業１２５周年で3万９、９００円のシルバーリングを発売して「セーブ・ザ・チルドレン」のチャリティを行なっている。ちなみに、今年は弊紙創刊30周年で、来年はニューヨークのＷＷＤが創刊１００周年を迎える。周年テーマのイベントは自らの歴史や伝統（レジェンド、ヘリテージ）を誇示するもの。特にラグジュアリー・ブランドは、その原点に立ち返ることが低迷脱出のポイントと言われており、重要な意味がある。

松下久美・弊紙デスク（以下、松）　先々週もファーストリテイリング（ユニクロ、以下ＦＲ）創業60周年の「感謝の会」が11月18日に、ユナイテッドアローズ（ＵＡ）創立20周年「謝恩会」が20日に開かれました。20日にはリーボックのアイコンシューズＰＵＭＰの発売20周年パーティもありました。

三　20年前の１９８９年と言えば、日本のバブル経済が弾ける寸前で、色々な事業が立ち上がった。生き残っている企業や雑誌は少ないかもしれないけど、残ったところは強いよね。

松　雑誌でいうと最近は「ヴォーグ ニッポン」の創刊10周年、「シュプール」と「エル・ジャポン」創刊20周年のパーティがありました。それにしても、ＦＲの60周年パーティには、ファッション誌や主要な女性誌・男性誌の編集長がズラリと揃って壮観でしたね。

三　ファッション誌に盛んに出稿しているからね。会場も六本木のザ・リッツ・カールトンだったしね。

松　ＦＲは来春、今の九段下から六本木ミッドタウンに本社を移転しますからね。山口から東京に出てきて、最初は渋谷のマークシティを本拠に定めましたが、蒲田、九段下、六本木と移していきます。業容の拡大に伴う面もありますが、マンネリを嫌い、常に変化を起こしたい柳井正・会長兼社長の意向が強いようです。

三　「方位学を気にして、その筋の人に見てもらったりしているんですか？」と柳井会長に尋ねたら、「そんなこと気にしません」とのこと。あまり占いの類は信じない人みたいだな。競走馬は持っているが、ギャンブルも好きではなさそう。麻雀では場ヅキが大切だがね。渋谷・蒲田時代はちょっと中だるみ気味だったが、九段下時代に再ブレイク。ミッドタウンでどう運気が変わるかな。それにしても、柳井さんも還暦。FRの創業の年（1949年）に生まれたんだ。キリストじゃないけど、何か「運命」めいてるな。

松　そうですね。でも、60周年を記念した10億円のキャッシュバックキャンペーン（1万円が当たるスピードくじ、当選10万本）はインパクトがありますね。11月21日（土）には朝6時オープンを1日限り復活させ、感謝セールを行ないました。私が取材に行った銀座店には2000人以上の行列ができました（P.28参照）。ちなみに、14日（土）に「H&M」が開店と同時にジミー・チュウとのコラボ商品を発売した新宿店の行列は870人でしたけどね。

三　全国400店舗が6時にオープンしたが、柳井さんに朝6時から陣頭指揮ですかと尋ねたら「いや、ゴルフ場にいると思います。その後に様子を見に行く予定です」と言っていたな。それはそうと、UAの20周年パーティも面白かったね。六本木のグランドハイアットが会場で、なかなか盛大だった。この御時世にこんなことしてる場合じゃないという社内の意見もあったらしいし、重松理・社長のポケットマネーで開催かという噂もあったが？

松　例年開催している年末謝恩会を20周年に看板を掛け替えたと重松社長はおっしゃっていました。余興では、京都から祇園の芸妓さん、舞妓さんを20人ほど呼び「手打ち式」を披露しました。原宿本店オープンや10周年の時は江戸の「木遣り」でしたが、「進化する老舗を目指す」ということで、江戸から京都に遡ったようです。

三　重松さん、だいぶ京都で遊んでいるのかな？　京都から呼ぶなんて、贔屓（ひいき）というか大旦那にならないとできない芸当だからね。それより物議を醸したのは、来賓挨拶に登場したルミネの花崎淑夫・会長のスピーチだね。

松　ピーター・ドラッガーの「M&Aの成功に必要な5つの条件」のうち3つ（被買収企業への貢献、尊敬の気持ち、共通する理念・企業風土）を挙げ、「おしかけ女房」、つまり、UAの筆頭株主（24・3％）になった靴小売企業のABCマートをけん制する内容でした。かなり怒気を含んでいましたね。

三　友好的な株保有だと思っていたけど、そうじゃないの？　事態が急転しているのかな。今後に注目だね。「手打ち式」というのも意味深長だし。

NOTE

当たり前の話だが柳井正という人物は相当に厳しい人物だと思う。厳しさがなくて、20年ばかりで6000億円規模のトップ企業になれるはずがない。部下に対する厳しさも尋常一様ではないだろう。外見も頑固オヤジそのものである。しかし、4回ばかり柳井さんと話したことがあるが、いずれも感じのいい経営者という印象しか残っていない。君子は豹変するのだろうか。まあ、内剛外柔の大経営者ということだろう。

80

Dec. 7 2009

「外商」「計上」「不通」「不明」

奥恵美子＝ファッション・ジャーナリスト（弊紙で「奥恵美子の雑誌ナナメ読み」連載中、今号掲載予定分は次号に掲載。以下、奥）　前号（11月30日号）に、ラグジュアリー・ブランドに関する記事が出ていましたが、依然として低迷を脱していないようですね。特に日本市場が悪い。具体的な前年比はさほど出ていませんでしたが。

三浦彰・弊紙編集委員（以下、三）　ひどいブランドは今秋の立ち上がりでも前年比70％。平均すると85％という水準かな。催事、外商強化など営業努力をしないと簡単に80％ぐらいになっちゃうという感じで、必死だね。日本法人の日本語を話せない外国人トップが最近「ガイショウ」「ケイジョウ」（計上）をやたら口にしていると百貨店の担当者が笑っていたよ。外商の売り上げの計上はどう配分するのかということだろうけどね。

奥　路面店舗はもっと厳しいですね。

三　最近では松坂屋銀座店内に構えていた「グッチ」の店が今年いっぱいで閉店になるというニュースが話題になった。今号のP.3「Chat Chat!」ではパトリツィオ・ディ・マルコ＝グッチCEOのその閉店に関する戦略的意義が語られている。「グッチ」はともかく、一般論では不採算の路面店が本当に多くなっている。今までは、その赤字は広告塔代として看過できたんだが、日本の現地法人自体が赤字化している中ではもう不採算店は閉めるしかない。特に家賃の高い銀座、青山地区では赤字幅も大きく閉店店舗がこれからも出て来るね。最近銀座並木通りを歩いてたら閉店やその後の駐車場化が進んでいた。

奥　駐車場ですか？

三　借り手もいないし、地価も半分近くにまで下がって、売ると売却損を計上しなくてはいけないから、売るに売れないということなんだな。

奥　路面店では何か打開策は？

三　百貨店に近い場所で路面店を展開しているブランドでは、その百貨店とタイアップするような事例も出ているね。その路面店で百貨店の優待カードが使えるとか、百貨店の駐車場が使えるとか、逆にその店で百貨店客対象の催事をやるとか。百貨店が近くにあるブランドの路面店ではこうした共同戦略がとられてくるだろうし、距離の遠近にかかわらずこうした試みは多くなりそう。従来はバッティング店舗同士では小ぜり合いみたいなことも多く見られた両者だが、もうそんなことをやっている場合でもないのだな。

奥　最近ブランドのイベントもショップ内で行なうケースが増えていますね。安く上がるということもありますが、我々プレスを招待している会とは別に、同じ趣向で顧客を呼んでイベントをしていますが、こっちの方はしっかり販売も行なっていて、売り上げもバカにならないようですよ。前回の私の連載（11月2日号P.19）でも「ウォール・ストリート・ジャーナル」の記事を引用しましたが、顧客が店にちょっと寄って買い物をするという習慣を忘れてしまっていて、その「クセ」を取り戻して、買い物の楽しさを思い出してもらうことが大切なようです。

三　「クセ」か。パブロフの犬じゃないんだから（笑）。

奥　景気や株価が二番底をつけに行っているといわれているし、今さらという観はありますが政府・日銀のデフレ宣言もあり、ムードは悪いけどラグジュアリー・ブランドの顧客についてはお金を持っているのは事実ですよね。

三　でもね、顧客名簿に「不明」「不通」の文字が最近多いんですとある百貨店の担当者が嘆いていたな。いわゆる新富裕層で、その後会社がダメになっちゃってカード決済がトラブったり、本当にいなくなっちゃったり。

奥　そう言えば、いつも赤いフェラーリに颯爽と乗っていた富裕層向け雑誌の編集長を地下鉄で見かけたが、ちょっと不似合いで声を掛けられなかったなんていう話を三浦さん、先日してましたね。でも、高級ブランドを買うことに罪悪感があるという風潮はまだ続いているんでしょうかね。私は魅力的な商品が少なくなったことが大きいと思いますが。

三　最近もある百貨店の某ブランドのインショップで買い物をした客から「紙袋はこちらのブランドのじゃなくて、この百貨店の紙袋にしていただけませんか」というリクエストがあると聞いたな。いずれそのブランドのバッグを持って歩くんだから同じだと思うけどね。

奥　それじゃ、ラグジュアリー・ブランドでもオンライン・ショッピングがますます盛んになりますね。それとブランド側も、そうした顧客の心理を考慮して、チャリティ活動などで企業の社会的責任を果たしているところを訴えていかないといけませんね。

NOTE

ラグジュアリー・ブランドの厳しい現状をブラック・ジョーク気味に描いているが、断るまでもなくここに書いてあることはすべて事実。リーマン・ショックから1周（1年）が過ぎているが、「もう1周回って来なさい」ということになっているようだ。減り続ける売り上げをなんとかしようという施策が、自らのプレステージを下げるという悪循環は断ち切るべきだが、気になるのは若年層を中心に巻き起こっているブランド離れだろう。

81

Dec. 14 2009

平成男子のファッション考

三浦彰・弊紙編集委員（以下、三） 前号（12月7日号）のメンズ市場大特集には参ったね。あの草食系やオラオラ系に代表されるメンズ市場って、そんなに激増しているの？刺激の強い、マイナー系のメンズウエアにスポットを当てすぎているように思うけどね。

村上要・弊紙メンズファッションディレクター（以下、村） オラオラ系も網羅する「バッファロー ボブズ」は、ブランド単体で年商15億円。弊紙がたびたび注目する「カラー」の倍近い規模です。「スランジー」を手掛けるワールドコンクエストは、年商25億円。「トローヴ」も卸し先が50程度あります。年商は5億円弱といったところでしょうか？「アトウ」を除けば、ＪＦＷ期間中にコレクションを披露した最大規模のメンズブランドですよ。

三 20億円あたりがビッグになるか、儲かるマイナーなのかの分岐点だと思う。これらのブランドに天下を獲る気概があるかは微妙だな。話は逸れるが、最近だと死体遺棄事件で指名手配されて逃亡生活を送っていた市橋達也容疑者に注目が集まって、ファンクラブが出来たり、彼が読んでいた本（「向日葵の咲かない夏」「殺人勤務医」など）がひそかに売れたりしている。英会話学校に通うなど「文化度」も高そうで、まさに平成男子的。市橋なんてのは、どういうジャンルに分類されるの？

村 いきなり殺人容疑者のスタイル区分ですか!? さすがに送検中のスウェット姿ではわかりませんよ。でも殺人に至るまでのうっ積した思いがありながらそれを上手く表現できなかったとしたら、自己アピールが苦手な平成男子に通じるのかもしれません。

三 君の記事を読んでいたら、パッゾの正木則幸・代表の名前があったね。80年代後半のＤＣメンズの雄だったけれど、生き残っているね。あの辺のブランドは、ほとんど死滅しちゃったな。

村 複数のオリジナルで構成するセレクト型業態「ナチュラル ボーン アディクション」をスタートするなど、今もニュースがありますよ。取材中は、「30代が頑張らないと」と力説されていました。僕も含めた30代の男性が青春時代を迎えたときから、どの業界にもカリスマがいませんからね。ファッションではエディ・スリマン以降、芸能界では木村拓哉以降スターが不在なことを危惧されていました。それがアパレル業界はもちろん、平成男子のマインドを冷やし続けているようです。

三　日本のメンズウエアって、70年代はアメトラの「ヴァン」やヨーロッパスタイルの「ジュンメン」。80年代に「コムデギャルソン」や「ヨウジヤマモト」が加わって、日本型のDCが一世を風靡したよね。アルマーニの影響を受けたソフトテーラードやキレカジブームを経て、90年代は裏原ブームだろう？　今の平成男子だって、簡単に言えばその流れを受け継いでいると思うけれどね。今は何かリード役があるのかな？　さすがの「ランバン」だって、メンズ業界全体を引っ張る影響力はないように思うけれど。

村　それは百貨店からファストファッションまで、メンズ担当者全員が抱えている悩みですね。「ウィゴー」の営業本部長ですら、「エディ・スリマンのようなカリスマは再び現れないのでしょうか？」と話しています。

三　オラオラ系っていうのは、渋谷のチーマー文化を今に残すスタイルだよね。日本のヤンキー文化のシンボルみたいな感じ。低所得&不良風文化だな。都会じゃなくて、千葉や埼玉の都市近郊で共同体を形成、というと聞こえがいいけれど、簡単にいうと仲間とつるんで突っ張っているという感じだね。

村　その仲間意識を刺激するのが、今の平成男子攻略法みたいですよ。実際、オラオラ系は北関東で売れるみたいです（笑）。どのブランドもモバイルでこのエリアをカバーしています。全体の7割をモバイルで売るブランドも少なくありません。ケータイを駆使するデジタルな不良なんて、いかにも21世紀っぽくないですか（笑）？　オラオラ系ファッション誌の「ソウルジャパン」は、間もなく月刊化の予定です。さすがに月刊となれば、毎月ジャージーの上下を提案し続けるわけにはいかないでしょうから、今後オラオラ系はバリエーションが広がると思いますよ。EXILEっぽい雰囲気まで、一気にカバーするメンズ誌になる可能性もあります。そういえばEXILEだってメンバーを一気に倍増しましたよね。やっぱりこれも、平成男子の心をつかむ戦略でしょうか？　三浦さん、EXILEって何人か知ってます？

三　HIROっていうのか、リーダーっぽいの。それぐらいだな。徒党を組んで数で圧倒するっていうのは、どうなんだい？　男は「孤独」を知らなきゃな。

NOTE

氷河期マーケットでもメンズウエアの厳しさは一入である。ボーナスが激減して「背広」の買い替えができないお父さんたちは言うまでもないが、「装う」ことに興味のなくなった若年層の重衣料（死語 !?）離れが進み、メーカーはなかなか打開策が見つからない。そこで弊紙が注目したのが、草食系とオラオラ系に二分される平成男子市場だった。かつてのメンズ DC がブーム、90 年代の裏原ブームには及びもつかないと思うが、どうか。

82

Dec. 21 2009

マルジェラが「マルジェラ」を去る

三浦彰・弊紙編集委員（以下、三） 前号（12月14日号）で、「マルタン・マルジェラ（52）がマルジェラ社を去った」ことが正式発表されたという記事が出たね。噂にもなって（第25回、08年10月20日号）いたが、やっと確定したという感じ。「ファッションの危機」が叫ばれている2009年を象徴するような出来事だ。ヨウジヤマモト社及びラクロワ社の破綻、「ヴェルサーチ」の日本市場からの撤退（再上陸予定）と今年は続いたからね。

奥恵美子・ファッションジャーナリスト（以下、奥） だいぶ前から「ああ、マルタンはもうコレクションを手掛けていないんだ」とマルタン通のバイヤーが言ってましたね。私も昔使っていたテクニックが繰り返し登場している印象を持っていました。

栗野宏文＝ユナイテッドアローズ・クリエイティブアドバイザー（電話で登場。以下、栗） （奥さんと）同じような印象ですね。20周年を祝った（08年10月）後の一連のコレクションは、いわゆる「画竜点睛を欠く」という感じでしたね。

三 ファッション史におけるマルタンの功績は？

栗 やはりひとつの時代を画した革命児と言っていいでしょう。本質的にはロマンティストですが、ファッションの世界にポストモダンを持ち込んだ数少ないクリエイターだと思います。

三 「エルメス」のレディスプレタのデザイナーを兼務していた時代（1998～2004）については、どう評価してますか？

栗 ラグジュアリー・ブランドのプレタポルテというのは現在難しい状況にあると思うけど、そうした中でその行く道を提案しているという意味合いがあったんじゃないのかな。

三 マルタン本人のカムバックの可能性についてはどう考えますか？

栗 全くないと思います。写真を公開しないように、自分を表に出すということを好まない人物。むしろ自分を消して、作品に語らせるというデザイナーだから。

三 ギャルソン社出身者、ヨウジ社出身者、イッセイ・グループ出身者というのが日本のファッションの3大閥だが、奥さんは「マルタン・スクール」（マルタン派）についてよく書いているけど？

奥　マルタンの影響というのは今のファッション界でもとても大きいですね。例えば「ランバン」のアルベール・エルバスなんかでも感じられますね。切りっ放しのヘムとか、裏地をユーモラスに見せるなんていうのでもマルタンの影響なくしてあり得ないものですよ。日本のブランドでも「サカイ」「アンリアレイジ」「トウキョウリッパー」などは言うに及ばず、大阪ベースの「トーキングアバウトジアブストラクション」なんていうブランドも、いい感じにくたびれたデニムの転写プリントのジャージーが有名ですが、これを「嵐」の櫻井翔が着ていて、その後爆発的に売れたみたい。それはともかく、リアルな転写プリントや、ダメージ加工なんかもマルタン以降の産物です。「時間軸」というのをデザインに持ち込んだのは、やはりマルタンでしょうね。カビの生えた服なんていうのも傑作です。時間を経てこそ美しいという価値観ですね。それから見慣れた20世紀のあらゆるデザイン（ソケット、電球、スプーン）を再考してリアレンジというかファッションデザインに取り入れてしまった。ずいぶんこのアイデアは盗用されてますけど真のポストモダンと言えます。

三　そうね、ボードリヤールが言ってる「記号消費」というのは、特に1990年あたりから2004年ぐらいまで、ラグジュアリー・ブランドを中心に日本市場で活況を呈したが、マルタンっていうのはそれをからかったり、さらに上を行く「記号消費」を誘発していたと思う。

奥　今、自分のブランドを離れている大物で、まだ老境に入っていないのってヘルムート・ラング（53）とマルタンですが、コラボの相手にマルタンはなりそうもないですね。ところで、日本でのビジネスは？

三　ピークで40億円（小売価格）あったといわれている。あの縫い目が表に出た襟タグ服を始め、日本人にはウケている。ビジネスがまたウマイ。だがオンリー・ザ・ブレーブ（ディーゼル）グループに入ったあたりから、マルタンの作品集ではなく、ブランド化しているから、もうチームに任せようとマルタンが考えたのではないかな。

奥　ところでマルタンの今後は？

三　アーティストとなって匿名性の強い作品を発表していくのか、それともハヤリの「旅人」になっちゃうのか。いずれにしても寂しいね。

NOTE

連載第25回の続編というか、マルジェラ退社の噂が遂に現実のものになった。その斬新な発想は長く語り継がれるだろう。「マルタンの顔を見たことがありますか？」とよく聞かれる。デビュー当時は気軽に表舞台にも登場していたらしいが、その後すぐ一切現れなくなった。2年ほど前弊紙記者がマルタンの卒業したアントワープ王立アカデミーの卒業アルバムで偶然若きマルタンの写真を発見するという大スクープ（？）をものにしている。

83

Dec. 28 2009

回顧と展望（前編）

三浦彰・弊紙編集委員（以下、三）　あけましておめでとうございます。この号は弊紙読者のお手元には12月28日に届いているはずだから、新年号ではありますが、２００９年の回顧と２０１０年の展望が今回のテーマ。記者の皆様、年末進行で忙しくとても対談の相手を頼めそうもないんで、本欄でもお馴染みの奥恵美子さんにお相手して頂きます。２００９年のファッション業界で印象的だったことからいきますか？

奥恵美子・ファッションジャーナリスト（以下、奥）　日本に関して言えば、やはり猛威を振るったファストファッション（以下、ＦＦ）ということでしょうね。ファッションシーンをリードするのが今までラグジュアリー・ブランド（以下、ＬＢ）だったのが、ＦＦに移った感じ。安っぽいなんて軽視していると置いていかれるんじゃないですか。私もオープン時のプレス向け内覧以外にも出掛けチェックしてますが、人ごみの中にいるとやはり独特の高揚感があって、買っちゃいますね。それにトレンドの捉え方が早い。店に入ると、ああ今シーズンこれがあるとイイんだみたいに逆に教えられたりそのスピード感にも圧倒されますね。

三　ある雑誌が某ＦＦの閉店後に１００人ほど読者を招待して買い物をさせたんだけれども、あまり盛り上がらなかったらしい。やっぱり、混雑の中で買い物カゴ提げて他人を押しのけ、スイてるレジめがけて走るぐらいじゃないと高揚感は出ないんじゃないの。「ファッションはスポーツだ」なんていうノリで（笑）。それとこれもウケウリだけど「Ｈ＆Ｍ」とか「フォーエバー21」あたりは、25歳以上だとあんまりシックリこなくて、安っぽさだけが際立っちゃうとある女性が言ってた。ちょっと肌の露出が多い服だと、25歳以下の肌の若々しさというか輝きがプラスされないと映えないらしいね。

奥　そうですかねえ。若い女子は何着ても似合うということもありますから。それはそうとやはりＦＦでも早くも競争激化が２０１０年のテーマじゃないですか。すでに「Ｈ＆Ｍ」なんか全世界規模の既存店ベースでは２００８年12月～２００９年11月で前年割れですね。やはりここ20年ばかり成長の一途でしたからね。未上陸のＦＦブランドだって多いんでしょ。まだまだ日本上陸が続くんじゃないですか。

三　「Ｈ＆Ｍ」「フォーエバー21」の上陸で「ザラ」や「ト

ップショップ」はむしろ恩恵を受けて売り上げを伸ばした。ＦＦと言っても、全くジャンルの異なるシンプル＆ベーシックカジュアルタイプの「ユニクロ」「無印良品」「ギャップ」なんかにも好影響を与えている。本来ならＦＦ内で食い合いがあるのが当然なのにカニバらずに相乗効果を出しているのは、まだまだ拡大余地があるという証拠だと思う。

奥　未上陸ものでは大物はアイルランド本拠の「プライマーク」ですか。「Ｈ＆Ｍ」よりさらに安いですね。

三　「プリマーク」と発音する英国人もいるが、これは日本のＦＦブームを見て、すでに商社とかいろいろ動いているだろうな。それと、ＬＢの低迷が続くというのも２００９年の大きな流れだったけれどもね。

奥　三浦さん流ではいわゆる「ＬＢの大衆化」ですか。私は「ＬＢの民主化」と呼んでますが、これが進み過ぎていろいろな弊害が出ていますね。ＬＢというのは、本質的にクリエイティビティよりいわゆる老舗のクオリティがウリなはずなのに、ちょっとこのクオリティでいいの？　という商品をよく見掛けるようになりましたね。それにプレシーズン・コレクションを加えて、１年で６回制にしたっていうのもどうなんですか。

三　シーズンを細分化し陳腐化を早めて、購買意欲を刺激するという手法なんだろうけど、露出機会が多過ぎて逆にブランドの希少性というか、有り難みがなくなってるんじゃないかな。

奥　これからのＬＢビジネスで、私が注目しているのは上場もせず、株の売却もせず、老舗のこだわりに徹しているようなブランドですね。

三　有名どころでは「エトロ」ぐらいしか思い当たらなくなったな。「エルメス」も一部だけど株を公開しているしね。そりゃ京都の和菓子とか西陣の世界かな。スコットランドの山奥とか、プロヴァンスやトスカーナで代々人知れず凄いものを作ってる工房というのはまだあるんだろうけどね。でも、そこまで我々が思い至っちゃうというのは、どんなもんかな。それほど「ラグジュアリー」という言葉が疲弊したということかな。やはり少し休んだ方がいい。売り上げ的にはバブル部分が徐々に消えて水準訂正中という感じだけどもね。

84

Jan. 11 2010

回顧と展望（後編）

三浦彰・弊紙編集委員（以下、三） 新年号でも紹介したが、昨年の後半現在の消費動向に関する本が立て続けに出版された。「シンプル族の反乱」「『嫌消費』世代の研究」「欲しがらない若者たち」の3冊。いずれも30歳以下の日本の若者の消費動向に関する分析だが、タイトル通りで、「30歳まで1000万円貯金しよう」というのが現代の若者の基本の人生観と言っていいみたいで、2年程前に出版された「なぜ若者は『半径1m以内』で暮らしたがるのか?」（岸本裕紀子／講談社＋α新書）「パラダイス鎖国」（海部美知／アスキー新書）などで描かれた若者像よりもさらに「事態」は深刻化しているように思う。こういう潮流が本当に支配的ならファッション産業の将来はどうなるのか、暗澹としてしまってお屠蘇も喉を通らなかったぐらい。

奥恵美子・ファッションジャーナリスト（以下、奥） そんなことはないでしょう（笑）。でも若者のそういう価値観は豊か過ぎる社会だからこそ出てくるもの。それに合わせたモノ作りが求められますね。昨年11月にはさらに上をいく「フリー」（クリス・アンダーソン著／小林弘人 監修・解説／高橋則明 訳／NHK出版）という本が出版されてますよ。まあデジタル情報の分配コストが限りなくゼロに向かう現代社会を描いた著作ですけど。

三 で、その本は定価0円ですか?

奥 1890円です。でも発売前に期間限定で先着1万人にネット上で無料公開されましたよ。21世紀の無料経済の可能性を追求した画期的著作です。

三 読んでないんで語るのは失礼だけど、ほら、最初の一杯は無料ですと言って、客を引き付けて、シコタマ飲ませちゃうという「居酒屋経済学」と基本は同じでは。アレ多いんだよな、特に正月は。

奥 そういうのとはちょっと違うんですって。テクノロジーを基本にした新時代の経済ですから。

三 回顧と展望に戻ろう。やっぱり2009年はデザイナー受難の年と言っていいのではないかな。ラクロワ、ブランキーノ、山本耀司、トム・ブラウンの企業がそれぞれ破綻。ヴェルサーチも再進出を前提にして日本から撤退。年末にはマルタン・マルジェラがマルジェラ社を去るという事態になった。いずれも一時代を画したデザイナーだけに不景気だからでは済まないと思うけれども。

奥 デザイナーの権威失墜と言っていいのでしょうが、こういう傾向はしばらく続いていくのでは。ショーのネット生中継、ツイッターやブログでどんどん情報が消化されていくので、それがひとり歩きして有難みというのがなくなっている。

三　ネット社会の弊害なのかもしれないし、また実力派デザイナーがみんな巨大コングロマリットに属して、いわゆる「傭兵化」してしまっているのもデザイナー受難の遠因だ。LVMHグループのマーク・ジェイコブス、ガリアーノを始め、マックイーンだってグッチ・グループ傘下。あれだけ評価が高いアルベール・エルバスだって、自分のブランドではなくて「ランバン」のエルバスだからな。元はと言えば、「シャネル」「フェンディ」を手掛けているカール・ラガーフェルドが「傭兵」の元祖みたいなもんだが。

奥　それもありますが、ファッション・デザイナーというのが甘やかされたというか、スターとして持ち上げられ過ぎたんじゃないですか。それはマスコミにも問題があるかもしれませんけど、映画スターじゃないんで、華やかなライトを浴びてショーの終わりに登場なんていう存在ではないと思いますよ。洋服のデザインなんて無から生まれるものじゃないわけだし、過去のものを様々に引用して作り上げていくわけで。そりゃ、マルタンみたいに、従来の見方をまるで引っくり返してしまうようなやり方に初めて気づくような天才デザイナーもたまには登場しますけれどもね。

三　天才は忘れた頃にやって来るわけで、生きてるうちに服飾史に残るようなデザイナーをあと3人は見てみたいと思ってるけど、もう無理なのかな。これだけファッションという聖域が蹂躙されてしまうと、天才級デザイナーのクリエイティビティしか打開の道はないと思うがな。

奥　それは期待薄でしょうね。それよりもネットと連動した新しい動きが本格化するのではないですか。たとえば「バーバリー」の「アート・オブ・ザ・トレンチ」なんか楽しくて新しいオンライン表現の世界を作っています。単にオンラインビジネスで稼ごうなんていう単純な発想じゃない、ファッションの楽しさをネットでうまく表現できる試みに期待ですね。

あとがき

WWDジャパン2008年4月21日号から連載を開始した「ニュースの真相・深層・心想」は、86回目をもってしばらく休載することになった。休載と同時に、本書を出版する運びになったが、振り返って見れば、この1年10カ月にファッション業界で起こった事柄は、ゆうに3年間分に匹敵するような質と量だったと思う。しかし、経済環境の厳しさを考えても、ファストファッションという1カテゴリーがこれだけファッション市場を支配してしまうという状況も異常ではある。では、正常なファッション市場というのはどんな構図なのだろうか。

――そこでは、様々な価格帯の、様々なテイストの、様々なコンセプトの商品がバランスよく、それぞれを主張しながら存在している。ラグジュアリー・ブランドは、拡大を目指してみだりに「大衆化」することなく、そのプレステージをきちんと主張し、それに相応しい顧客を獲得し、中価格帯（ブリッジ）の商品は、ラグジュアリー・ブランドには手が届かないが、それでもそうしたテイストを味わいたい顧客層に受け入れられ、上記のいずれにも手が届かない所得層の顧客には、様々なタイプのファストファッションが用意されている。それぞれが自らの「分」をわけまえたビジネスを展開し、顧客もたまに「浮気」はするだろうが、基本的には「分」をわきまえた選択をしている。――

書いていて、そんな「理想郷」がもはや絶対に存在しないことに思い到った。こんな理想郷がわずかでも垣間見られたのは80年代後半のほんの一時だけではなかったろうか。ラグジュアリー、中価格帯、ファストファッションが皆並走してそれぞれが潤っていた奇跡的な瞬間。それが可能だったのはマーケットがバブル的とは言え拡大していたからである。それでも、第1次ファストファッションとも言うべき郊外型紳士服専門店が早くも勢力を伸ばしていて、大手アパレルの紳士服部門に対してかなりの圧力になり始めていたし、またタカキュー、三峰などの紳士服専門店がビームス、ユナイテッドアローズ、シップスのセレクト御三家にとって変わられようとはしていたけれど。しかし、マーケットが縮小している時には、勝ち戦《いくさ》をしたそのカテゴリーのナンバーワンは、平気で他のカテゴリーを食いに行こうとするのである。消費者自身もその「本分」を忘れて、勝ち組に乗ろうとするのである。「勝ち組に乗れ」、これがファッション市場の習性なのだろう。困ったことだが、考えてみればそれぞれが「分」をわきまえていたら、「ファッション」などというものが生まれてくるはずがない気もしてくる。それぞれが「分」をわきまえた理想像など市場縮小一途の今は夢のまた夢なのである。

1年10カ月、そうしたファッション市場のニュースを毎週取り上げて、WWDジャパンの記者諸君や時にゲストを混じえて進めて来た連載だが、どうにも「悪い」ニュースが多いし、繰り返し取り上げる話題も多く、しばらく休んで、「復興期」にでもまた連載を始めてみようとは思うが、果たしてそれがどんな形で現れてくるのか、あるいは現れることはないのか。それはともかく、この1年10カ月の連載中、取材不足、勘違い、憶測でご迷惑をおかけした皆様には、この場を借りてお詫び申し上げます。また、対談・鼎談に登場していただいたスペシャルゲストの皆様にお礼申し上げます。

WWDジャパン編集部

対談・鼎談登場者　〈WWDジャパン関係者〉【登場順】三浦彰（同紙編集委員、ノート部分執筆）　天野賢司（同紙デスク）　得田由美子（元同紙特集担当ディレクター）　松下久美（同紙デスク）　林可愛（同紙記者）　大江由佳梨（元同紙記者）　麥田俊一（同紙ファッションディレクター）　村上要（同紙メンズファッションディレクター）　北條貴文（元同紙記者）　菅礼子（同紙記者）　林芳樹（同紙記者）　村岡麦子（元同紙記者）　有門奈々（同紙記者）　紀本知恵子（同紙デスク）永田三和（同紙記者）　**〈スペシャルゲスト〉【登場順、敬称略】**ドン小西　奥恵美子（ファッションジャーナリスト）　藤巻健史（フジマキ・ジャパン社長）　栗野宏文（ユナイテッドアローズ・クリエイティブアドバイザー）　御協力に感謝いたします。

FLASHBACK! 国内・国外ファッション年表 ２００８~２００９

年	月	国内ニュース	国外ニュース
2007	12	・伊勢丹 小倉伊勢丹を1円で井筒屋に譲渡	
2008	1	・ここのえが「ディースクエアード」を独占販売 ・グッチグループがバレンシアガジャパン株51%をリステアから取得 ・百貨店売上高は11年連続の減少 8日 伊藤忠商事がトミーヒルフィガージャパンの経営権を本社に譲渡	・「ミュウミュウ」のメンズが２００８年春夏で終了 ・「マドレーヌ・ヴィオネ」のヘッド・デザイナー、マーク・オディベが1年足らずで辞任 ・「リズ・クレイボーン」がアイザック・ミズラヒとジョン・バートレットを起用 16日 「モンクレール」はジャンバティスタ・ヴァリを〝ガム・ルージュ〟に起用
	2	・ヴァレンティノ社は三井物産保有のジャパン株式49%を買収。１００%子会社化 ・「ランバン」は２００８年~09年秋冬からコロネットへ ・ロエベ ジャパン カンパニーのプレジデント&CEOを退任した有賀昌男氏がエルメスジャポン社長に就任 ・国内アパレル決算 下半期以降厳しさが続く ・阪急百貨店メンズ館は伊勢丹メンズ館を越えるのか? 12日 レナウン社長に子会社の英アクアスキュータム元社長を抜擢	・ピーター・デュンダスが仏ファーブランド「レヴィヨン」のデザイナーに就任 ・H&Mがスウェーデン企業を買収。デニムの「チープマンデー」を傘下に 8日 ラース・ニルソンが「フェレ」をわずか5ヵ月で辞任 19日 トッズ傘下の「フェイ」がジャイルズ・ディーコンを起用 29日 「プーマ」がフセイン・チャラヤンを起用
	3	5日 「ドレスキャンプ」の岩谷俊和退社へ 25日 ビスケーHDがリヴァンプと提携、ナオキタキザワに出	・「ジバンシィ」２００７年度決算黒字化! リカルド・ティッシがメンズも担当 ・フィロの元アシスタント、ハンナ・マクギホンが「クロエ」新クリエイティブ・ディレクターに ・ベネトン・グループ傘下のオートグリルがワールド・デューティー・フ

2008

3	4	5	6
	・H&M日本上陸、11月上旬原宿店オープンで「ギャルソン」とのコラボを披露 ・レナウンは「J・クルー」の販売を来年1月末で終了 ・JFWが「シンマイ（新米）・クリエイターズ・プロジェクト」を始動 ・リヴァンプが再生支援する靴のトークツが民事再生法を。ABCマートがスポンサーに名乗り ・銀座エリア3店舗体制へ「ルイ・ヴィトン」晴海通りに出店か？ 1日　三越伊勢丹ホールディングスが発足、日本最大の百貨店グループに 1日　JFW推進機構が発足、2008年度の総予算は12億円 8日　三越大阪店の事業主体はJR西日本伊勢丹に 15日　東京スタイルがスピックインターナショナルを買収	・ゼイヴェル傘下のファッションウォーカーが住友商事と提携 ・経営統合・再編が進む百貨店の2007年度決算　次期売上高トップは三越伊勢丹HD ・リステアが7月末で銀座店を閉店 ・主要アパレル企業2007年度通期決算は軒並み減益 20日　フォリフォリジャパンがギリシャ本社の100％子会社に 26日　ニコル創業者の松田光弘氏逝去	1日　アト・ワンズが㈱ドレス・キャンプを設立し、新デザイナー探しへ 23日　資生堂がブティック事業から撤退 銀座の「ザ・ギンザ」ビル2011年リニューアル 30日　J・フロントリテイリングが、統合後初の店舗閉鎖。横浜松坂屋が10月26日に閉店
リーを買収 1日　「ダンヒル」がキム・ジョーンズをクリエイティブ・ディレクターに起用	・「ジャンフランコフェレ」が「アキラーノ・リモンディ」の二人を2009年春夏から起用 ・「レ・コパン」は「アルビーノ」のデザイナーを、2009年春夏からコンサルタントに起用 ・LVMHのベルナール・アルノー＝社長兼CEOが個人投資会社を通じカルフール株を買い増し 24日　投資会社のラベルクスがバリー・インターナショナルをテキサス・パシフィック・グループから買収 27日　LVMHが高級ウォッチメーカー、ウブロ社の全株式を取得	・「ポリーニ」が2009年春夏からジョナサン・サンダースとニコラス・カークウッドをディレクターに起用 ・コーチがアジアのディストリビューション権を買い戻し ・H&Mがサウジアラビアに進出し、女性限定ストアをオープン ・「シャネル」のモバイルアートが東京に上陸 29日　「エルメス」がニューヨークに世界初のメンズ・オンリー・ストアをオープン	・ロベルタディカメリーノ社をシックス・グループが買収 ・リーバー社の過半数株式をペガサス・キャピタル・アドバイザーズが取得 ・PPRが「ジラール・ペルゴ」「ジャンリシャール」を持つソーウィンド・グループと資本業務提携 ・スウォッチ傘下のブランパンが「ヴィンセント・カラブレーゼ」を買収

年	月	国内ニュース	国外ニュース
2008	6		・「クレメンツ・リベイロ」が再スタートでクチュール期間中に限定ラインを発表 **1日** イヴ・サンローラン、逝去。享年71 **2日** 5月12日の四川大震災、四川省のアパレル・ファッションビジネスに深刻な影響 **20日** 投資会社3iがアンティチ・ペレティエーリ・バッグスの株式49%を取得
	7	・レナウンは保有していたフレンチコネクションジャパンの株式を本国に売却 ・LAセレクト「キットソン」来春上陸！　ゼイヴェルが展開か？ ・全国百貨店1～6月売上高もマイナス　大手アパレル下方修正相次ぐ ・LV×CDG〝詩的〟コラボの全貌 **7日** ユナイテッドアローズの筆頭株主にエービーシー・マートの三木正浩・創業者兼元会長が浮上 **11日** ファーストリテイリングがアスペジ・ジャパンの全株式を本国に売却 **16日** イマージュホールディングスは「トランスコンチネンツ」を展開する子会社T・C・ターミナルを解散 **28日** サンエー・インターナショナル三宅孝彦・副社長が代表権を	・デレク・ラム社の過半数株式をラベルクスが取得 ・バウガー・グループの株式39%を持ち株会社のストディアーが取得 ・「エルメス」がモナコ拠点のヨットメーカー、ワリー社と合弁企業を設立 ・「ホルストン」1年でデザイナー交代 ・ヴィクター&ロルフ過半数株式をディーゼルの親会社が取得 ・投資会社NRDCがカナダのハドソン・ベイ社を買収
	8	・ナオキ タキザワ デザインとリヴァンプが8月14日付で資本業務提携を終了 ・CFDに何が起こっているのか？　大塚陽子・新議長に直撃インタビュー	・リシュモン・グループがロジェ・デュブイの株式を取得 ・カーライル・グループがモンクレール社株式の48%を取得 ・コーチ社が「コーチ」よりもハイエンドな新ラインショップを2010年出店
	9	・伊藤忠商事が副資材トップの三景を買収 ・「H&M」の日本戦略をエリクセンCEOに問う！	・フィービー・フィロが「セリーヌ」のクリエイティブ・ディレクターに就任

2008

9	10	11
2日 オンワード「ジルサンダー」を完全買収！ 13日 「H&M」銀座店オープン初日の売り上げは9000万円 15日 レナウンの筆頭株主に消費者金融のかざかファイナンス	・軒並み減収の中M&A戦略で東京スタイル2ケタ増収に ・東京株式市場の平均株価が乱高下、ユーロ安が進行 11日 オンワードホールディングスがなごみ系雑貨のクリエイティブヨーコを子会社化 2日 イオン国内最大級のSCを越谷に開業 13日 レナウンが「アクアスキュータム」売却へ 13日 「グリーン」がデザイナーの出産を機に、2009年春夏で一時活動休止 20日 売上高2兆円へ　高島屋と阪急阪神が提携　次の合従連衡は？	・2010年春夏JFWはパリコレ後の10月に開催 ・10月の百貨店売上高は軒並み2ケタの前年割れ セレクト、ユニクロもマイナス ・マーク・ジェイコブス・ジャパン、住友商事とマーク社の折半合資で12月設立 24日 伊藤忠がブランディングと提携し、来春にLAの「キットソン」上陸（上陸は09年3月8日） 24日 フェンディジャパンカンパニーの田島寿一・プレジデント兼CEOが田崎真珠入りし、1月23日社長に就任 26日 西日本最大のSC、阪急西宮ガーデンズ開業
・LVMHがヨットメーカーのロイヤル・ヴァン・レントを買収 ・「モンクレール」の〝ガム・ルージュ〟のメンズ版〝ガム・ブルー〟が2009〜10年秋冬デビュー ・ダミアーニがウォッチ&ジュエリーの小売企業ロッカを買収 ・「ヴィラ・モーダ」をドバイ政府系金融機関が買収 ・「プッチ」が2009〜10年秋冬からピーター・デュンダスを起用 4日 ミラ・ショーン91歳で永眠 25日 ギャップ社が通販のアスレタを買収	・「ヴァレンティノ」のファッキネッティが退任 ・「ビル・ブラス」のレディス・クリエイティブ・ディレクターであるピーター・ソムが辞任 12日 ナルシソ・ロドリゲスがリズ・クレイボーン社との資本提携を終了 30日 「ロシャス」のクリエイティブ・ディレクターにマルコ・ザニーニ＝「ホルストン」前デザイナー	・ターゲットがマックイーンのセカンドライン「マックキュー」とコラボし、来年3月発売 ・「イーリー・キシモト」の二人が「キャシャレル」デザイナーを辞任 7日 民事再生法の適用を申請したハーディ・エイミス社をフォン一族の投資会社が買収

年	月	国内ニュース	国外ニュース
2008	12	・「ユニクロ」11月既存店売上高は前年同期比１３２％ ・「ＬＶ」が11月29日から平均７％、「ＣＤ」は平均８％値下げ	・H&M、次のコラボは「マシュー・ウィリアムソン」で来年４月発売 ・上海にバービーの旗艦店「ハウス・オブ・バービー」が来年１月オープン（２００９年１月オープン） ・英ウールワースが会社更生法の適用を申請 ・「ガラード」のクリエイティブ・ディレクターにスティーブン・ウェブスターが就任 **1日** アクリスが独バッグブランドの「コンテス」を買収 **1日** 英国の付加価値税２・５％減税。12月１日から２００９年末まで
2009	1	・9～11月の四半期は「ユニクロ」を除いて、軒並みダウン ・バーバリー インポートの売り上げ拡大に三井物産、三陽商会と新会社を設立（記事は２００９、設立は２００８、11） ・08年百貨店売上高はマイナス、12年連続の前年割れに **28日** ファーストリテイリングがセオリーを完全子会社化 **29日** 丸井今井が民事再生法を申請	・トゥミがデヴィッド・チューとの契約を終了（12月31日） ・クルチアーニがロベルト・メニケッティをクリエイティブ・ディレクターに起用 ・サックスが9％の人員削減 ・「マーク ジェイコブス」がウエストヴィレッジで店舗数拡大 ・「パコラバンヌ」２００６年半ばから休止していたアパレル・アクセサリー事業を再スタート ・「アレキサンダー・マックイーン」がプーマと共同でアパレルラインを発表 **12日** サムソナイト、マルチェロ・ボットーリ社長が辞任
2009	2	・セブン&アイがそごう心斎橋店をJ.フロントに売却か？ ・「ロンハーマン」がサザビーリーグとの提携で今秋日本に上陸！（上陸は8月29日） ・「クロエ」「シー バイ クロエ」が今秋から大幅値下げ ・コンデナスト・パブリケーションズ・ジャパンが創刊予定だった「グラマー（仮）」が創刊中止に ・丸井今井支援に高島屋が名乗り **16日** 運転資金難で小杉産業が破綻	・ランバンの経営トップは「モスキーノ」から ・「キャシャレル」がデザインチームでコレクションを発表 ・ITホールディング傘下のイッティエーレが破綻 ・H&M 新CEO に創業者孫（就任は7月1日） **9日** ピエール・アレクシィ・デュマがエルメスの単独アーティスティック・ディレクターに就任

2009

3	4	5
・「ナンバーナイン」２００９～10年秋冬コレクションで廃業 ・「ギャップ」が原宿・銀座に新・大型旗艦店（原宿オープンは11月7日 銀座は２０１１、2月オープン予定） ・「ジーユー」が９９０円ジーンズ50万本販売へ ・サンエーが「キャロウェイ」でインド初進出か!? ・新宿マルイ本館の概要は？ **8日** 「キットソン」開店に３０００人の大行列	・ＮＹ発「オープニングセレモニー」が今秋都内に大型店（オープンは8月29日） ・米セレブに人気のブランド「トリー バーチ」本格上陸へ（8月末） ・ＦＲ「ユニクロ」、半期で国内４２９億円増収 ・ルミネが今秋渋谷にメンズ館をオープン（8月26日） ・オンワードが「ビューティフルピープル」の熊切氏と新ブランド発表 ・国内大手アパレル各社の２００８年度決算は軒並み赤字 ・ワコールがルシアンを子会社化（ルシアン廃止は8月11日） **1日** アシックスがＵＡと「オニツカ」合弁会社を設立 **15日** レナウンの取締役全員が退任！ 新社長が就任へ	・サンエーがケイト・スペード社と合弁会社を設立 ・伊勢丹吉祥寺店が来年3月閉店へ
・グッチ・グループが「ベダ」売却を決定 ・「ヴェルサス」のプレタが復活 ・ヴァレンティノの前会長が「ヴィオネ」を買収 ・ＩＴホールディングが破綻、管財人はカヴァリを起訴 ・「ディーゼル」が照明器具と家具コレクションをスタート ・ティファニーがパール専門チェーン「イリデス」の全店舗を閉鎖 ・ティスケンスと「ニナ リッチ」が決別（ティスケンスは3月10日にブランドを去る） ・アメリカンアパレルが８０００万ドルの融資を得て破綻の危機を回避 **5日** ランバートソン トリュックスが破産法の適用を申請	・デラクアが「マーロ」のクリエイティブ・ディレクターを退任 ・「トロヴァータ」がフォーエバー21をコピー問題で起訴 ・「ニナ リッチ」の新デザイナーは元「ヴィトン」のコッピング ・「Ｃ・Ｐ・カンパニー」新デザイナーは「ガリアーノ」メンズから	・ティファニーがレザーグッズに本格参入 ・「ジョージ・ジェンセン」に新クリエイティブ・ディレクターが就任 ・アディダスがサムソナイトとのライセンスで「Ｙ－３」とラベルライン発売へ ・ＰＰＲの従業員がストライキ ジョーンズアパレルは２２５店閉鎖へ ・ＰＰＲがエコ・ドキュメンタリー映画制作に出資（6月5日上映） ・「ホルストン」の新クリエイティブ・ディレクターにＭ・シュワブ

年	月	国内ニュース	国外ニュース
2009	5		・Ｕ２ボノ夫妻のエコ・コンシャスブランド「イードゥン」をＬＶＭＨが買収 27日　クリスチャンラクロワが破産法の適用を申請 22日　アクアスキュータムのウィンザーＣＥＯが突然辞任
	6	・ＡＢＣマートがユナイテッドアローズの筆頭株主に ・「サカイ」の阿部千登勢による「モンクレール エス」がデビュー 1日　伊勢丹新社長に大西洋・常務執行役員が就任	・ヴェロニク・ブランキーノが会社清算手続きへ ・エスカーダ・グループが傘下の3ブランドを売却 ・任意清算の「クレメンツ・リベイロ」が堅実にカムバック ・アバクロンビー&フィッチが「リュエル」事業撤退を決定 ・「ディーゼル ブラック ゴールド」のデザイナーにココサラキ ・ドルチェ&ガッバーナが来春から10～20%の値下げへ 5日　ヴェルサーチの新ＣＥＯにジル・サンダーのフェラリスＣＥＯ
	7	・三越伊勢丹ＨＤが札幌・函館丸井今井を完全子会社化（8月1日） ・ファーストリテイリングが再び業績を上方修正 ・百貨店・アパレル、3～5月の四半期決算は2ケタマイナスで大幅減益 ・ＪＦＷにエイベックス、ＩＦＳが参画	・トム ブラウン社が少数株式をクロスカンパニーに売却 ・「ジャンバティスタ ヴァリ」がマリエラ・ブラーニとライセンス契約 ・エステバン・コルタサルが「ウンガロ」デザイナーを辞任 ・２億８６００万ドルでゴールデン・ゲートがエディ・バウアーを買収
	8	・今秋、ファストファッションが出店攻勢！ ・閉店が相次ぐ銀座・並木通りに異変!? ・百貨店再編に統合が進む 三越伊勢丹 地域会社化を推進 14日　８８０円ジーンズの衝撃　値下げで加速する業界再編	・「フェラガモ」メンズ・デザイナーが２０１０～11年秋冬からレディスも兼任 ・アレキサンダー・ワンが初のメンズラインを発表 ・キャシャレルがデザインチームでブランド刷新 3日　コーチ社のクラッコフ・プレジデントが新ブランド「リード クラッコフ」始動
	9	・ファーストリテイリング、２０２０年に売上高5兆円構想 ・旧そごうの大丸心斎橋北館が11月14日にオープン ・大手ＳＰＡが靴事業を強化、低価格化に拍車!?	・リンジー・ローハンが「ウンガロ」のアーティスティック・アドバイザーに 27日　ギャップ創立者ドナルド・フィッシャー名誉会長が死去

2009

9	10	11	12
8日 レナウンAQグループ株式を英企業に売却 18日 「コムサストア」新宿をリニューアル 見直しに着手！	・カジュアル・チェーン2009年8月期・中間決算FR突出、しまむらとポイント健闘 ・「レクレクール」が日本再撤退 パリに集中、マレに新店（撤退日は12月28日） ・百貨店上期は減収大幅減益 ・大手アパレルも2ケタの減収に 1日 「ユニクロ」がパリにグローバル旗艦店開店 9日 ヨウジヤマモトが民事再生法申請	・「サカイ」の次は「ビズビム」!! モンクレールが新ライン発表 ・「ルイ・ヴィトン」「グッチ」の日本法人トップが決定！（LVMHは10月13日、グッチは11月2日） ・消費低迷続く、10月の百貨店売り上げも2ケタ減 ・10月も「ユニクロ」がダントツ！ しまむら、UAも健闘 ・「フォーエバー21」が銀座に出店!? 松坂屋「グッチ」跡地に内定（2010年4月29日予定） ・オンワードM&Aを加速「グレースコンチネンタル」を買収 ・三越伊勢丹中期3ヵ年計画を見直し ・百貨店売上高は20ヵ月連続のマイナス ・行政刷新会議「仕分け」でJFW関連予算は3分の2に	・百貨店売上高は21ヵ月連続のマイナスへ 1日 クロスカンパニーがトム・ブラウン株の過半数取得 1日 投資会社主導の新生ヨウジが海外店&「ワイズ」見直し
	・H&Mがソニア・リキエルとコラボでランジェリー発売（12月5日） ・グレエム・ブラックが「ボス ブラック」の新クリエイティブ・コンサルタントに就任 ・「リズ・クレイボーン」ブランドの買収権をJ・C・ペニーが獲得 ・フォーエバー21とトロヴァータ、コピー問題訴訟和解 7日 ファッション写真の巨匠、アーヴィング・ペンが死去	・オルセン姉妹、J・C・ペニーと契約でジュニアライン立ち上げへ ・ギャップがステラ・マッカートニーとのコラボレーション子供服販売へ 5日 エスカーダ売却先に鉄鋼王ミタル一族 10日 ルエラ・バートリーが出資者撤退でブランド休止へ	1日 ラクロワ破綻、ライセンス事業化へ 8日 マルジェラが自身のブランドを去る

WWDジャパンが読み解く
ファッション業界２００８－２００９
ニュースの深層！

２０１０年２月25日　初版第１刷発行

著者　ＷＷＤジャパン編集部

ブックデザイン　山野英之＋関田浩平（TAKAIYAMA inc.）

発行者　篠崎 雅弘

発行所　株式会社ＩＮＦＡＳパブリケーションズ
〒１０６・００３２ 東京都港区六本木７・20・６
電話　編集部＝０３・５７８６・０７２９
販売部＝０３・５７８６・０７２５
http://www.infaspub.co.jp

印刷・製本　中央精版印刷株式会社